KB000979

이토록
수학이
재미있어지는
순간

이토록
수학이
재미있어지는
순간

야나기야 아키라 지음
신은주 옮김

다산
에듀

얼마 전에 텔레비전을 켰습니다. 마침 수학에 대한 프로그램 두 편이 각각 방영되고 있더군요.

한 프로그램은 리만 가설을 소개하고 있었고, 또 한 프로그램은 푸 앵카레의 추측을 소개하고 있었습니다. 둘 다 수학에서 대표적인 난 제인데 리만 가설은 여전히 미해결 상태이고 푸앵카레 추측은 오랜 도전 끝에 해결되었지요. 두 프로그램들은 리만 가설과 푸앵카레 추 측이 얼마나 어려운 문제인지, 그것들을 해결하기 위해 어떤 일들이 있었는지 열심히 알려 주고 있었습니다.

그런데 말입니다, 찬물을 끼얹는 이야기입니다만 그 본질을 시청자 들이 제대로 이해할 수 있었을까요.

텔레비전에서 흘러나오고 있던 것은 그저 '설명'이었습니다. 리만 가설이나 푸앵카레 추측 같은 난해한 수학 이론이 평범한 우리의 일상생활과 어떻게 연관되어 있는지 과연 시청자들이 '이해'할 수 있을까 저는 의문이 들었습니다.

수학은 우리 삶을 이루고 있습니다. 예를 들어, 여러분이 살고 있는 집을 지으려면 벽과 기둥을 수직으로 세워야 합니다. 직각을 잴 수 있는 기술이 필요한 것입니다.

그 기술이 바로 피라고라스의 정리입니다. 먼 옛날 거대한 피라미드를 만들 수 있었던 것도 피타고라스의 정리 덕분입니다.

"그때는 그랬겠네요. 하지만 어차피 요즘은 다 기계로 하는걸요."

누군가는 이렇게 말합니다. 맞는 말입니다. 그래서 더욱 신기하지 않습니까. 오늘날과 같은 기계가 없었던 옛날 사람들은 도대체 어떻게 했을까요.

"뭐, 어쨌든 간단하잖아요. 피타고라스의 정리를 이용하면 된다면서요."

이런 대답을 하는 분들에게 꼭 말씀드리고 싶습니다. 간단한 것이 아니었다고요. 그 당시에는 피타고라스의 정리야말로 최첨단 기술이었습니다.

과거의 사람들에게 직각을 정확하게 재는 일은 목숨과도 직결된 문제였습니다. 수직을 만들어야 계절을 알 수 있고, 강이 범람하는 시기를 알 수 있고, 씨앗을 뿌리는 시기를 알 수 있었기 때문입니다. 피타고라스의 정리가 있기에 사람들은 농사를 짓고 밥을 먹을 수 있었습니다.

지금은 수학이 우리 생활과 동떨어져 있을까요. 군이 피타고라스의 정리를 가지고 계산할 필요 없이 기계를 이용하니까 말입니다. 그렇게 생각한다면 오해입니다. 그런데 안타깝게도 그렇게 생각하는 분들이 많습니다. 수학을 가르치는 한 사람으로서 책임을 느낍니다.

온갖 수고를 다 하면서, 때로 목숨까지 걸면서 수학을 발전시켜 온 수학자들이 존재해 왔습니다. 그렇게 발전된 수학이 오늘날 우리의 일상생활 곳곳에 함께하고 있습니다. 이것을 알아야 수학의 본질에 접근해 갈 수 있습니다. 이 책이 그런 계기가 되기를 바랍니다.

야나기야 아키라

4번째 이야기

미분, 적분은
거인의 어깨 위에서 탄생했다

× ×

5번째 이야기

통계의 숫자에 속지 않는 법

× ×

숫자라는
혁명

$\sqrt{}$ 숫자는 어떻게 탄생했을까?

❖ 숫자, 인류와 함께 살아오다

오늘날 우리는 매일매일 숫자와 만나고 때로 숫자와 씨름을 하며 숫자의 바다에서 살아가고 있지요. '다음 달 회사 이익이 얼마나 상승할지 계산해 볼까?' '이번에 하는 세일은 몇 월 며칠까지더라?' 이런 생각을 하면서 항상 숫자를 의식하는 것입니다. 그러니 개중에는 "지긋지긋해. 이제 숫자 따위는 보고 싶지도 않아!" 하고 외치는 사람들이 있을지도 모르겠네요.

숫자는 말 그대로 수를 나타내는 글자, 즉 기호입니다. 숫자와 인류의 만남은 오래전에 시작되었지요. 문명의 초기 단계로 거슬러 올라

갈 정도로 아주 오래전에 말입니다.

숫자는 인류의 생활과 밀착되어 발전해 왔답니다. 그러면서 자연스레 수학도 함께 발전할 수 있었고요.

수학이라 하면 "평소에는 별로 필요도 없는 학문이잖아" 하고 외면하거나 무시하는 사람이 많습니다. 하지만 그건 선입견일 뿐이지요. 수학이라는 학문은 수천 년 동안이나 존재해 오지 않았습니까. 이 사실 자체가 수학이 우리 일상과 얼마나 밀접하게 관련되어 있는지 말해 줍니다. 만약 수학이 생활과 동떨어진 학문이라면 진작 역사에서 사라져 버렸겠지요. 그러니 우리는 수학에 관심을 가져야 합니다.

수학에서 가장 기본적이면서도 중요한 것이 바로 숫자입니다. 워낙 숫자와 자주 만나다 보니 사람들은 숫자가 처음부터 똑같은 모습이었을 것이라고 오해하곤 합니다. 하지만 과거의 숫자는 우리가 지금 쓰고 있는 숫자와는 형태나 구성이 꽤 달랐답니다.

❖ 최초의 숫자

인류 역사상 최초의 '수를 나타내는 기호'는 무엇이었을까요. 아마도 나무를 파서 줄을 새긴 것이 아니었을까요. 동물을 한 마리 잡았으면 한 줄을 긋고, 두 마리 잡았으면 두 줄을 긋는 식으로 수를 나타냈을 겁니다.

그런데 도구가 발달하면서 하루에 잡는 동물의 수도, 채집하는 열매의 수도 부쩍 많아졌습니다. 늘어난 수대로 나무에 줄을 새기려니 번거롭기도 할 뿐더러 자리도 모자랐습니다. 어떻게 하면 좋을까 궁리한 끝에 사람들이 떠올린 아이디어는 기호를 추가하는 것이었습니다. 줄이 여러 개가 모이면 다른 기호를 사용했지요. 덕분에 많은 수를 세고 표현하기가 한결 쉬워졌습니다.

이때 5가 기준이 되는 경우가 많았습니다. 다섯 줄을 잇달아 그리는 대신, 완전히 다른 모양의 기호를 그린다든지 세 줄과 두 줄로 나누어 그린다든지 하는 식으로 말이지요. 5라는 수가 어떤 특별한 의미라도

라스코 동굴 벽화 프랑스 도르도뉴 지방의 라스코 동굴에는 구석기 시대 사람들이 그린 벽화가 남아 있다. 특히 말, 사슴, 들소 등 수백 점의 동물 그림이 그려져 있어 당시 사람들에게 사냥이 얼마나 중요한 것이었는지 알려 준다.

가진 것일까요.

5는 인간이 한 번에 인식할 수 있는 가장 큰 수입니다. 사람이 다섯 명 모여 있으면 흘끗 보기만 해도 곧바로 몇 명인지 알 수 있지만 그보다 많은 사람이 모여 있으면 일일이 세 보아야 합니다. 만약 여러분 주변의 누군가 동물 여덟 마리나 과일 열 개를 보고 곧바로 개수를 인식한다면 그 사람은 꽤나 특별한 능력의 소유자입니다.

동물을 더 많이 잡고 열매를 더 많이 채집하게 되었지만 그래도 이렇게 해서 얻을 수 있는 식량에는 한계가 있었습니다. 계절에 따라 동물과 열매의 수가 변동이 심하고, 사냥과 채집에 품이 많이 들었거든요. 그래서 인류가 사냥과 채집으로 먹고사는 동안에는 인구가 그리 많이 늘어나지 않았습니다.

하지만 본격적으로 농작물을 재배하면서부터 이야기가 달라집니

고대 이집트의 벽화 고대 이집트는 고도로 발달된 농경사회였다. 이 벽화는 당시 농업이 조직적으로 이루어졌음을 보여 준다. 농업을 통한 식량 생산을 바탕으로 고대 이집트의 인구는 빠르게 증가했다.

다. 곡식은 수확할 수 있는 양이 비교적 안정적이지요. 또 꽤 오랫동안 저장해 둘 수도 있고요. 농사로 먹고살기 시작하면서, 즉 수렵채집 사회에서 농경사회로 접어들면서 인구가 빠른 속도로 증가했습니다. 그만큼 집단의 크기도 커졌지요.

그러자 생산물을 어떤 기준으로 나누어 가질 것이냐 하는 문제가 생겼습니다. 전에는 가족이나 일가친척끼리 모여 살았기에 알아서 적당히 나누면 되었지만 이제는 다른 기준이 필요했습니다. 이렇게 집단이 커지면서 필연적으로 사람들은 더 큰 수를 계산해야 했습니다.

❖ 온 세계의 공용어, 아라비아숫자

여러분도 어릴 때 사탕을 달라고 엄마를 조르곤 했을 거예요. 어떤 어린아이가 엄마한테 사탕을 받았다고 해 봅시다. 같은 수의 사탕이라고 해도 사탕을 따로따로 놓아두면 많아 보이고, 한곳에 모아 두면 적어 보일 겁니다.

사탕이 다섯 개 이하라면 굳이 따로 수를 셀 필요도 없습니다. 앞서 이야기했듯이, 5까지는 한 번에 인식할 수 있는 수이기 때문입니다. 사탕이 다섯 개가 넘는다면? 직접 세서 숫자를 적어 놓아야 나중에 헷갈리지 않겠지요. 아이는 떠듬떠듬 서툴게 사탕의 수를 세어 나갑니다. 이런 행동을 반복하며 아이는 점점 더 큰 수에 익숙해지게 되지요.

인류도 마찬가지였습니다. 처음에는 큰 수에 익숙하지 않았습니다만, 사회가 커지면서 필요에 따라 계속 노력하다 보니 큰 수도 다룰 수 있게 된 것이랍니다.

이제 인류에게는 큰 수에 걸맞은 숫자가 필요해졌지요. 크든 작든 상관없이 모든 수를 표현할 수 있으면서, 어떤 계산이든 쉽게 할 수 있고, 또한 누구나 금방 배우고 사용할 수 있는 그런 숫자 말입니다.

현대 사회는 무척 복잡하고 다양합니다. 이런 현대 사회에서 가장 널리 일반적으로 쓰이는 숫자가 있습니다. 바로 아라비아숫자입니다. 아무리 영어가 세계공용어 역할을 하고 있다 하지만 아라비아숫자에는 미치지 못합니다. 각기 다른 언어로 쓰인 서류라 해도 숫자만큼은 아라비아숫자이기 마련입니다.

지금까지 이 점을 지극히 당연하게 여기지 않았나요. 당연해 보이는 사실을 다른 시각으로 바라볼 수 있는 감수성이야말로 새로운 아이디어를 낳게 하는 중요한 열쇠가 된다고 강조하고 싶군요.

생각해 보세요. 각각의 언어마다 수를 표현하는 나름의 단어들이 있습니다. 그럼에도 불구하고 숫자는 대부분 아라비아숫자를 쓰고 있는 것입니다.

그 이유는 무엇일까요. 너무 당연한 이야기지만 아라비아숫자가 편리하기 때문입니다. 그렇다면 질문을 이렇게 바꿔야겠네요. 아라비아숫자는 왜 편리할까요.

우리 주변의 아라비아숫자들 우리는 매일같이 아라비아숫자를 이용하고
있다. 아라비아숫자가 없다면 우리 생활은 너무나 불편해질 것이다.

아라비아숫자는 0, 1, 2, 3, 4, 5, 6, 7, 8, 9 이렇게 모두 열 개의 기호로 이루어져 있습니다. 아무리 큰 수라도 단지 열 개의 기호만 가지고 얼마든지 나타낼 수 있습니다. 더구나 숫자를 쓸 때 자릿수(일, 십, 백, 천, 만, 조, 경, 해……)를 일일이 따질 필요가 없습니다. 그냥 숫자를 순서대로 죽 나열하기만 하면 됩니다.

정말 쉽지요. 이것이 전 세계 사람들이 다른 숫자가 아닌 아라비아숫자를 사용하고 있는 이유입니다. 여러분도 수학을 어려워한 적은 있어도 아라비아숫자를 어려워한 적은 한 번도 없을 겁니다.

❖ 아라비아숫자가 편리한 까닭

아라비아 숫자의 가장 큰 특징은 뭐니 뭐니 해도 이것입니다. 같은 숫자라도 위치에 따라 자릿수가 바뀐다는 것. 숫자가 쓰인 위치가 곧 그 수의 자릿수를 나타냅니다. 다시 말해, 숫자의 위치에 따라 그 숫자가 나타내는 수의 크기가 달라집니다. 위치 기수법이라 하지요.

555라는 숫자를 예로 들어 볼까요.

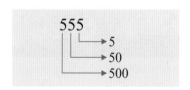

맨 왼쪽에 있는 5는 5×100인 500을 나타내고, 이때 100은 10의 2제곱(10^2)입니다. 가운데에 있는 5는 5×10인 50을 나타내고, 이때 10은 10의 1제곱(10^1)입니다. 가장 오른쪽에 있는 5는 5×1인 5를 나타내고, 이때 1은 10의 0제곱(10^0)입니다. 똑같이 5라는 숫자이지만 오른쪽 자리에서 왼쪽 자리로 갈수록 더 큰 수를 나타내는 것입니다. 특히 맨 오른쪽을 기준으로 세 번째와 두 번째가 5의 100배, 5의 10배인 것에서 알 수 있듯이, 한 자리 왼쪽으로 갈수록 딱 열 배가 커집니다.

이렇게 위치에 따라서 그 숫자의 자릿수를 곧바로 알 수 있기 때문에 계산을 하기에도 쉽습니다. 덧셈도 뺄셈도 펜만 몇 번 쓱쓱 움직이면 되지요.

이것이 얼마나 편리한 개념인지는 로마숫자와 비교해 보면 금방 드러납니다. 로마숫자는 어떠한지 볼까요.

로마숫자에서 100을 나타내는 기호는 알파벳 C입니다. 300은 CCC입니다. 10은 알파벳 X이고 30은 XXX입니다. 1은 알파벳 I이고 3은 III입니다.

자, 그러면 333을 나타내려면 어떻게 해야 할까요. CCCXXXIII입니다. 겨우 세 자리 숫자인데 엄청나게 길지요. 당연히 계산하기도 불편하기 짝이 없습니다.

그래서 로마숫자를 사용한 과거 유럽 사람들은 주판을 애용했습니다. 초기의 주판은 종이나 동물 가죽에 줄을 여러 개 긋고 그 위에 작은 돌멩이들을 놓아 움직이는 형태였습니다. 오늘날 익숙한 주판의

콜로세움 이탈리아 로마에 있는 원형 경기장. 기원후 80년 티투스 황제 때 완성된 건축물로, 고대 로마의 뛰어난 기술력을 엿볼 수 있다. 로마 시민들은 이곳에서 검투사의 시합, 맹수의 사냥 시합 등을 구경하며 열광했다.

콜로세움에 새겨진 로마숫자 53을 나타낸다. 콜로세움의 입구마다 위쪽에 숫자가 새겨져 있어, 사람들은 자신이 어떤 입구로 들어가야 하는지 알 수 있었다.

형태는 중국에서 발명된 것입니다.

하지만 주판이 제 아무리 편리한 계산도구라 하더라도 아라비아숫자의 편리함을 따라갈 수는 없었지요. 아라비아숫자는 0부터 9까지 열 개의 숫자만으로 모든 수를 표현할 수 있고 곧장 계산도 할 수 있는 데 반해, 주판은 사용법을 익히는 데도 시간이 걸리고 가지고 다니기도 거추장스러우니까요.

자, 이제 잘 알겠지요. 우리 인류는 여러 시행착오를 거친 끝에 가장 뛰어난 구조를 가진 숫자를 사용하고 있는 것이랍니다. 어떻습니까. 여러분이 사용하고 있는 숫자에도 감사한 마음이 느껴지지 않습니까.

1	I	14	XIV	27	XXVII	150	CL
2	II	15	XV	28	XXVIII	200	CC
3	III	16	XVI	29	XXIX	300	CCC
4	IV	17	XVII	30	XXX	400	CD
5	V	18	XVIII	31	XXXI	500	D
6	VI	19	XIX	40	XL	600	DC
7	VII	20	XX	50	L	700	DCC
8	VIII	21	XXI	60	LX	800	DCCC
9	IX	22	XXII	70	LXX	900	CM
10	X	23	XXIII	80	LXXX	1000	M
11	XI	24	XXIV	90	XC	1500	MD
12	XII	25	XXV	100	C	1900	MCM
13	XIII	26	XXVI	101	CI	2015	MMXV

로마숫자 계산하기에는 불편하지만 장식적인 면이 뛰어나기 때문에 오늘날에도 책의 목차나 시계 등에 자주 쓰이고 있다.

$\sqrt{\;}$ 찬란한
고대 문명을 이룬
숫자들

◈ 바빌로니아의 60진법

아라비아숫자에서와 같은 위치 기수법이 언제 어디에서 생겨났는지 알아볼까요. 그 배경을 살펴보면 고대의 수학 천재들의 존재를 실감할 수 있지요.

언뜻 생각하기에는 위치 기수법이 아라비아숫자와 같은 시기에 만들어졌을 것 같지만 실제로는 그렇지 않답니다. 훨씬 더 긴 역사를 가지고 있지요. 아라비아숫자 열 개가 모두 등장한 가장 오래된 기록이 876년에 새겨진 인도의 비문입니다. 그에 비해 위치 기수법의 시작은 기원전 2000년으로 거슬러 올라갑니다.

재미있는 사실은, 위치 기수법이 아라비아숫자의 전유물이 아니라는 것입니다. 인류의 긴 역사 속에서 위치 기수법은 네 번 발명되었습니다.

기원전 2000년경 바빌로니아 (현재의 이라크 남부 지역)

기원전 중국

3～9세기 마야 (현재의 유카탄 반도 지역)

6～8세기 인도

위치 기수법의 고향은 바빌로니아입니다. 아라비아숫자가 발명되기 약 2500년 전에 탄생했지요. 바빌로니아에도 나름의 숫자가 존재했습니다. 하지만 오늘날 우리 생활에서는 전혀 사용되고 있지 않지요. 왜일까요.

어렵거든요. 엄청나게 복잡합니다

아라비아숫자의 위치 기수법은 10이 기준이 됩니다. 앞에서 보았듯이 각 자릿수는 10의 몇 제곱이냐에 따라 구별됩니다. 이러한 것을 10진법이라고 합니다. 그런데 말입니다, 놀라지 마세요, 바빌로니아에서는 무려 60진법을 사용했답니다.

60진법의 325가 10진법에서는 어떤 수가 되는지 한번 계산해 보겠습니다.

$$325{\scriptstyle(60진법)}$$
$$= 3\times60^2 + 2\times60^1 + 5\times60^0$$
$$= 3\times3600 + 2\times60 + 5\times1$$
$$= 10925{\scriptstyle(10진법)}$$

네, 보다시피 10925가 되는군요.

이건 예를 들기 위해 간단한 수를 계산한 것이고, 실제로 60진법은 굉장히 복잡합니다. 한 자릿수에 0에서 59까지 모두 60개의 숫자가 들어갈 수 있거든요. 그만큼 숫자의 종류가 많은 것입니다.

여러분은 60진법을 어떻게 사용할 수 있는지 상상이 잘 안 될 겁니다. 생각만으로도 머리가 지끈거릴 수 있겠네요. 당장 알아야 하는 기호의 개수만도 60개가 될 테니까요.

하지만 바빌로니아 사람들은 쐐기문자를 가지고 능숙하게 60진법을 사용했습니다. 사실 60진법이 지금 우리 기준으로 보았을 때 복잡하다는 것이지, 알고 보면 세련된 방식입니다. 그 시대를 기준으로 한다면 상당히 단순한 편이지요.

수학이 발달한 문명에서는 숫자가 복잡하지 않습니다. 단순해야 이해하기도 쉽고, 읽고 쓰고 계산하기도 쉬운 게 당연합니다. 바빌로니아는 비교적 단순한 숫자 체계를 가지고 있었기에 수학이 발달하고 위치 기수법도 탄생할 수 있었던 것입니다.

바빌로니아 이슈타르 문의 사자 장식 바빌로니아의 수도 바빌론의 성벽에는 아홉 개의 문이 있었는데, 현재 유일하게 남아 있는 것은 독일 베를린의 페르가몬 박물관에 복원된 이슈타르 문이다. 규모가 크고 장식이 화려하여 바빌로니아의 높은 문화 수준을 보여 준다.

바빌로니아의 문자 바빌로니아에서는 쐐기 문자를 얇은 점토판에 갈대 펜으로 그어 표기했다. 처음에는 표의문자였으나 점차 표음문자가 차지하는 비율이 늘어났다.

0	𒀹	10	𒌋	20	𒌋𒌋	30	𒌍	40	𒐏	50	𒐐
1	𒁹	11	𒌋𒁹	21	𒌋𒌋𒁹	31	𒌍𒁹	41	𒐏𒁹	51	𒐐𒁹
2	𒁹𒁹	12	𒌋𒁹𒁹	22	𒌋𒌋𒁹𒁹	32	𒌍𒁹𒁹	42	𒐏𒁹𒁹	52	𒐐𒁹𒁹
3	𒁹𒁹𒁹	13	𒌋𒁹𒁹𒁹	23	𒌋𒌋𒁹𒁹𒁹	33	𒌍𒁹𒁹𒁹	43	𒐏𒁹𒁹𒁹	53	𒐐𒁹𒁹𒁹
4	𒐼	14	𒌋𒐼	24	𒌋𒌋𒐼	34	𒌍𒐼	44	𒐏𒐼	54	𒐐𒐼
5	𒐽	15	𒌋𒐽	25	𒌋𒌋𒐽	33	𒌍𒐽	45	𒐏𒐽	55	𒐐𒐽
6	𒐾	16	𒌋𒐾	26	𒌋𒌋𒐾	36	𒌍𒐾	46	𒐏𒐾	56	𒐐𒐾
7	𒅓	17	𒌋𒅓	27	𒌋𒌋𒅓	37	𒌍𒅓	47	𒐏𒅓	57	𒐐𒅓
8	𒐟	18	𒌋𒐟	28	𒌋𒌋𒐟	38	𒌍𒐟	48	𒐏𒐟	58	𒐐𒐟
9	𒐈	19	𒌋𒐈	29	𒌋𒌋𒐈	39	𒌍𒐈	49	𒐏𒐈	59	𒐐𒐈

바빌로니아숫자 바빌로니아에서는 복잡한 계산을 간단히 처리하기 위해 60진법에 의한 곱셈표, 제곱표 등을 이용했다.

❖ 마야의 20진법

위치 기수법을 만든 네 지역 중 바빌로니아와 마야에 대해 좀 더 알아봅시다.

바빌로니아의 60진법은 유럽으로 전해져 고대 그리스와 로마의 과학자들이 사용하기도 했습니다. 자고로 과학자는 복잡하고 세밀한 계산을 해야 하기 마련인데 위치 기수법이 없는 로마숫자로는 영 불편했기 때문입니다.

마야는 중앙아메리카, 그중에서도 현재의 멕시코, 과테말라, 유카탄 반도 일대를 중심으로 번성했던 문명입니다. 정글 속에 우뚝 솟아 있는 피라미드가 대표적인 유적이지요.

마야 문명은 뛰어난 수준의 문화를 누렸습니다. 태양신을 숭배하며 종교를 중시하기도 했지만 그러면서도 동시에 수학, 천문학, 건축학 등 여러 분야의 과학을 발전시켰습니다.

마야 문명의 과학 수준을 단적으로 보여 주는 예가 바로 달력입니다. 지금 봐도 깜짝 놀랄 만큼 정확하지요.

오늘날 우리가 사용하고 있는 달력은 16세기에 발명된 그레고리력을 기본 바탕으로 한 것입니다. 현대의 천문학자들이 1년, 그러니까 지구가 태양 주위를 한 바퀴 도는 데 걸리는 시간을 첨단 관측 도구를

0	1	2	3	4
⬭	•	••	•••	••••
5	6	7	8	9
▬	•̲	••̲	•••̲	••••̲
10	11	12	13	14
▬▬	•̲̲	••̲̲	•••̲̲	••••̲̲
15	16	17	18	19
▬▬▬	•̲̲̲	••̲̲̲	•••̲̲̲	••••̲̲̲

마야숫자 0을 제외하고는 모두 작대기와 점으로
이루어져 있었다.

치첸이트사의 피라미드 멕시코의 유카탄 반도에 자리한 치첸이트사는 마야 문명이 남긴 주요 유적이다. 이곳에는 피라미드, 신전, 천문대 등이 남아 있다. 이 피라미드는 그 자체가 하나의 거대한 달력으로, 계단의 수가 1년의 날짜 수와 같은 365개다.

마야의 문자 마야에서는 마치 그림처럼 복잡하고 장식적인 상형문자를 썼다. 맨 왼쪽 열에 마야숫자가 새겨진 것을 볼 수 있다.

이용해 정밀하게 측정해 보니 365.242198일이 나왔습니다. 그레고리력은 1년이 365.2425일이라 해마다 약 0.0003일만큼의 오차가 생기게 됩니다. 사소한 오차이긴 하지만 그래도 수만 년이 흐르면 제법 오차가 커지겠지요.

그런데 마야의 달력은 1년이 365.242일입니다. 오차가 그레고리력보다도 더 적은 약 0.0002일인 것입니다. 어때요. 이렇게 비교해 보니까 마야 문명의 과학 수준이 확 느껴지지 않나요. 마야 문명은 태양력뿐 아니라 태음력도 만들었고, 한술 더 떠 금성의 주기를 관찰해 금성력까지 만들었습니다. 정말 대단합니다.

더욱 놀라운 사실이 있습니다. 마야 문명의 숫자에는 분수도 없고 소수점도 없었습니다. 그래서 자연수의 비율로 계산을 했습니다. 예를 들어, '태음력에서 149개월은 4400일이다' 이런 식으로 표현한 것입니다.

마야 숫자는 처음에는 20진법이었는데 나중에 18진법으로 바뀌었습니다. 물론 아라비아숫자에 비하면 어렵긴 하지만 마야 사람들에게는 꽤 쓸 만했겠지요.

√ 조금 더 특별한 숫자, 영(0)

✤ "이 자리는 비어 있습니다"

위치 기수법에서 특별한 역할을 하는 숫자가 있습니다. 그 자리에 얼마만큼의 수가 있는지 나타내는 숫자가 아니라, 아무런 수도 존재하지 않음을 알려 주는 숫자이지요.

만약 이 숫자가 없다면 어떻게 될까요. 35와 305와 3005를 구별하기가 어려워집니다. 이쯤 되면 이 숫자가 무엇인지 다들 눈치챘겠네요. "이 자리는 텅 비어 있습니다"라고 말해 주는 숫자, 바로 0입니다.

평소 우리에게 0은 친숙한 개념이지요. "딸기를 다 먹어서 하나도 남지 않았어요. 딸기가 0개예요." 이런 표현도 자연스럽습니다. 하지만 0이 처음부터 세상에 존재했던 것은 아닙니다.

물론 언어에는 '이 자리에는 아무것도 없다'라는 표현이 진작부터 있었습니다. 하지만 언어의 표현이 곧바로 숫자로 이어지지는 않지요. 위치 기수법에서 0은 중요한 역할을 하지만 다른 숫자들보다 늦게 세상에 등장했습니다.

숫자 0의 발명, 그것은 수학의 역사에서 일대 사건이었습니다.

0은 각각 다른 지역에서 세 번 발명되었습니다. 그곳은 바빌로니아와 마야 그리고 인도였습니다. 위치 기수법을 발명한 지역과 비교해 보면 중국을 제외하고는 일치하는군요.

다시 바빌로니아 이야기를 꺼내야겠습니다. 바빌로니아에서도 처음에는 0이 존재하지 않았습니다. 하지만 0에 대한 개념은 어느 정도 가지고 있었습니다. 그렇다면 그 개념을 어떻게 표시했는고 하니, 말그대로 진짜로 비워 놓았습니다. 305를 적어야 한다면 '3 5' 이렇게 빈칸을 두는 방식이지요.

0이 많이 들어가는 수는 그만큼 빈칸의 폭이 넓어집니다. 305와 3005는 각각 '3 5'와 '3 5'가 됩니다.

그런데 이 방식은 치명적인 단점이 있습니다. 숫자를 쓰는 사람에 따라 빈칸의 폭이 넓어졌다 좁아졌다 한다는 것입니다. 이 사람이 습관적으로 빈칸의 폭을 넓게 쓰는 것인지, 아니면 0이 여러 개 들어 있는 것인지 헷갈릴 수밖에요.

이 때문에 바빌로니아에서는 오랜 기간 동안 혼란이 있었습니다.

같은 숫자인데도 사람에 따라 다르게 쓰고 다르게 읽는 일이 생겼습니다.

0을 나타내는 다른 숫자를 넣으면 될 것을, 겨우 그런 일로 고생하다니 좀 우습게 느껴지나요. 하지만 새로운 아이디어는 그리 쉽게 태어나는 것이 아니랍니다. 아무리 간단해 보이는 아이디어라도 처음 생각해 내는 것은 어렵기 마련이거든요. 콜럼버스의 달걀만 보아도 그렇지 않습니까.

드디어 기원전 4세기 바빌로니아에서 0을 나타내는 기호가 등장했습니다. '두 개의 쐐기문자를 비스듬하게 나열하면 0을 의미한다'는 규칙이 만들어진 것입니다. 바로 이런 모양이었습니다.

요즘 널리 쓰이는 0과는 전혀 다르지요. 우리가 사용하는 숫자는 바빌로니아숫자가 아니라 아라비아숫자니까요.

이렇게 인류 최초로 0을 나타내는 기호가 발명된 곳은 바빌로니아였습니다

❖ 인도의 공을 가로챈 아라비아

아라비아숫자가 인도에서 발명되었기 때문에 0도 역시 인도에서 발명되었을 것이라 생각하는 사람들이 많습니다. 다시 한 번 강조하지만, 최초의 위치 기수법과 마찬가지로 최초의 0이 만들어진 곳도 바빌로니아입니다.

제가 이 사실을 설명하면 혼란스러워하는 사람들도 있더군요. 개중에는 굳이 그런 것까지 알아야 하냐고 반문하는 사람들도 있고요. 하지만 이 정도는 초등학생도 충분히 이해할 수 있는 상식이랍니다.

말이 나왔으니 말인데, 수학 공부는 단순히 공식을 암기하는 것으로는 부족합니다. 수학의 개념들이 각각 어떤 역사를 가지는지 알면 수학을 좀 더 깊이 이해할 수 있습니다. 그런데도 학생들은 그저 단편적인 지식만 배우느라 바쁩니다. 그런 모습을 보며 저는 걱정이 됩니다. 진정한 교육이란 그런 게 아닐 텐데 말이지요.

이런, 이야기가 너무 옆길로 샌 것 같군요. 다시 본론으로 돌아와야겠네요. 이번에는 마야 문명의 0을 보도록 합시다. 눈동자 같기도 하고 애벌레 같기도 한 특이한 모양의 기호입니다.

아잔타 석굴 인도 데칸 고원 서부에 위치한 석굴 사원. 기원전 2세기에서 기원후 7세기에 걸쳐 만들어졌다. 고대 인도의 대표적인 불교 유적으로, 매우 정교한 건축 기술을 자랑한다. 당시 인도에서 수학이 매우 발달했음을 알 수 있다.

고대 인도의 문자 기원전 3세기경 마우리아 왕조 때 기록된 문자. 이 문자가 점차 발달하여 오늘날 인도에서 쓰이는 데바나가리 문자가 되었다.

하지만 바빌로니아와 마야에서 0은 정식으로 수로서 인정받지 못했습니다. 단지 이곳은 비어 있다고 나타내는 표시일 뿐이었지요. 최초로 0을 수라고 인식한 곳은 인도였고 최초로 수식에 0을 넣기 시작한 곳도 역시 인도였습니다. 그럼으로써 아라비아숫자는 한층 더 편리한 숫자로 발전할 수 있었습니다.

바빌로니아와 마야에서 발달한 숫자도 분명히 무척이나 뛰어난 것이었습니다. 하지만 결국 전 세계로 널리 퍼진 숫자는 아라비아숫자였습니다.

과학자라면 어려운 숫자라도 자유자재로 쓸 수 있겠지만 보통 사람들에게는 무리지요. 세계 표준으로 자리 잡으려면 첫째도 둘째도 편리함이 가장 중요하다는 것은 예전이나 지금이나 변하지 않는 진리인가 봅니다.

그런데 인도로서는 여간 억울한 일이 아닐 수 없습니다. 이토록 굉장한 숫자를 발명했건만 그 숫자에 '아라비아'라는 엉뚱한 이름이 붙다니 말입니다. 지금이라면 외교 문제나 국제적 분쟁으로 번질 수도 있는 일입니다.

어쩌다 이렇게 된 걸까요. 아라비아 상인들이 인도의 숫자를 유럽에 전해 주었고, 유럽에서 이 숫자를 아라비아숫자라고 부르는 바람에 이러한 이름이 굳어져 버렸습니다. 유럽 사람들이 수학의 역사에 좀 더 관심을 기울였더라면 그런 어처구니없는 실수를 저지르지는 않았을 텐데요.

비록 이 책에서도 흔히 쓰이는 대로 아라비아숫자라 칭하고 있지만 역사를 따져 보면 인도숫자라고 해야 맞는 표현입니다. 그래서인지 요즘은 인도아라비아숫자라고 부르는 사람들도 있더군요.

√ 아라비아숫자의
발전

❋ 유럽, 아라비아숫자를 만나다

유럽에 아라비아숫자가 전해지는 데 큰 역할을 한 사람이 있습니다. 교황 실베스테르 2세입니다. 그는 재위 중 서력 1000년을 맞이한 교황이었습니다. 동시에 위치 기수법에 대한 논문을 쓸 정도로 실력이 뛰어난 수학자였으며, 아라비아숫자를 가지고 수학을 가르친 첫 번째 기독교인이었습니다.

중세 유럽에서 과학의 중심에는 교회와 대학이 있었습니다. 요즘 사람들은 중세 유럽 하면 무조건 이슬람 세계를 적대시했을 것이라 생각하지요. 또 중세 교회는 과학을 배척했을 것이라고도 생각하고요. 하지만 한때는 중세 유럽이 이슬람의 과학 지식을 적극적으로 받아들였습니다. 더구나 이 과정에서 교회가 주도적인 역할을 했습니다. 유럽은 정의의 편, 이슬람은 사탄의 편 하는 식으로 편 가르기를 하지 않았습니다.

하지만 아라비아숫자가 유럽에 소개되자마자 곧바로 대중화되지는 못했습니다. 특히 바빌로니아의 60진법을 사용하던 당시 과학자들은 아라비아숫자를 사용하기를 주저했습니다.

이토록 편리한 아라비아숫자를 사용하지 않다니, 더구나 과학자라는 사람들이 꺼려 하다니, 의아하게 느껴질 겁니다. 이유는 나눗셈 때문이었습니다. 그때는 분수나 소수가 발달하지 않아 자연수를 위주로 계산하다 보니 딱 떨어지지 않은 나눗셈을 다루기가 영 까다로웠거든요. 60이라는 수 자체가 약수가 많아서 나눗셈을 하기에는 바빌로니아 숫자가 더 편리했습니다.

유럽에서 아라비아숫자를 가지고 소수를 표현하게 된 것은 16세기나 되어서의 일입니다. 그러면서 차츰 아라비아숫자가 대중적으로 자리 잡게 되었습니다.

실베스테르 2세의 동상 제139대 교황인 실베스테르 2세는 수학과 천문학에 정통한 과학자이기도 했다.

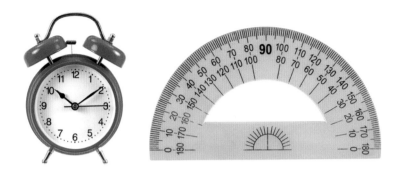

일상 속의 60진법 1분은 60초, 한 시간은 60분, 그리고 각도는 360도로 이루어져 있다.

　60진법은 그 흔적이 여전히 우리 주위에 남아 있습니다. 시간과 각도가 대표적이지요. 그만큼 60진법이 과학에 기여한 바가 크다는 증거입니다.

❖『구장산술』에 담긴 중국의 수학 실력

소수라는 개념은 아라비아숫자가 만들어지기 훨씬 전에 이미 존재했습니다. 이번에는 중국으로 눈을 돌려 볼까요. 한나라 때인 기원전 200년경 『구장산술』이라는 책이 나왔습니다. 그때까지 중국에서 발전한 수학 지식이 총정리된 책입니다.

　400여 년 후 삼국시대에 위나라의 수학자 유휘가 이 책에 주석을 달았습니다. 주석이라고는 하지만 유휘는 단순한 해설에 그치지 않고 자신의 독자적인 연구 성과까지 담았습니다. 특히 원주율의 값을 아르키메데스와 비슷한 정도까지 구했습니다.

이 주석에서 유휘는 소수와 관련해 이렇게 설명합니다. "길이에 나머지가 있으면 10으로 나누어서 측정하고, 또 나머지가 있으면 또 10으로 나누어서 측정하고, 이것을 계속하면 된다."

예를 들어 1미터 길이의 막대를 가지고 길이를 잰다고 상상해 봅시다. 1미터가 채 되지 않는 짧은 길이가 남으면 어떻게 할까요. 1미터 막대를 10등분해서 측정합니다. 그러고서도 또 길이가 남으면 10등분한 막대를 또다시 10등분합니다. 이런 식으로 계속하다 보면 길이를 다 잴 수 있겠지요. 소수점 이하의 숫자가 무한히 계속되는 소수, 즉 무한소수는 이러한 원리로 표현할 수 있습니다.

소수에 대한 개념은 이렇게 중국에서 처음 생겨나 아라비아를 거쳐 유럽으로 전해졌습니다. 이번에도 아라비아가 다리 역할을 해 주었네요. 이 개념이 아라비아숫자와 합쳐지며 오늘날과 같은 소수 표기법이 나오게 된 것이지요.

『구장산술』을 좀 더 자세히 알아볼까요. 아홉 개의 장으로 이루어진 수학책이라 해서 제목이 '구장산술'입니다.

한번 목차를 죽 보세요. 당시 중국의 수학이 얼마나 높은 수준이었는지 짐작이 되지요.

여섯 번째 장 '균수'에는 어떻게 각 지역의 세금을 균등하게 할 것인지에 대한 계산 문제가 나옵니다. 한나라의 제7대 황제인 무제는 나라 곳곳에 균수관이라는 관리를 두었는데, 균수관은 이름에서 알 수 있듯이 세금 징수를 관리하는 일을 했습니다.

무제는 각 지방에서 많이 생산되는 물품을 세금으로 거두었습니다. 그리고 이 물품이 부족한 다른 지방에서 이를 판매해 물가를 유지시키는 효과를 거두었습니다. 무제는 국민의 생활이 안정되어야 나라가 평온할 수 있음을 잘 알고 있었던 것입니다. 이처럼 나라를 다스리는 데도 수학이 큰 역할을 한답니다.

지금까지 보았듯이 인류의 역사에서 수학은 여러 시대에 여러 지역에서 발전했습니다. 아무리 뛰어난 천재라 하더라도 혼자만의 힘으로

제목	제목의 뜻	내용
방전(方田)	네모꼴의 밭	다양한 도형의 넓이
속미(粟米)	조와 쌀	환율과 경제학
쇠분(衰分)	비율에 따른 분배	비례
소광(少廣)	적은 너비	분수, 제곱근과 세제곱근, 원과 구의 넓이 · 부피
상공(商功)	상업에서의 공력	다양한 입체의 부피
균수(均輸)	균등한 조세	더욱 복잡한 비례
영부족(盈不足)	넘침과 부족함	일차방정식
방정(方程)	연립 일차방정식	연립 일차방정식
구고(勾股)	직각삼각형	피타고라스의 정리

『구장산술』의 목차와 내용 각 장에는 약 20~50개의 문제가 수록되어 있다.

한나라의 동전 한나라는 경제적으로 크게 성장했으며 지역간의 교역은 물론 외국과의 무역도 활발했다. 이에 따라 화폐 제도가 발전했다.

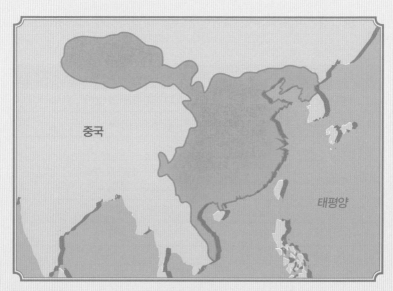

한나라의 영토 기원전 87년. 중국 역사상 가장 국력이 강했던 시기 중 하나였다.

학문을 발전시킬 수는 없는 법입니다. 이름이 전해지지 않는 많은 사람이 차근차근 고민하고 연구했기에 수학이 발전할 수 있었던 것입니다. 오늘날 매일같이 일상적으로 사용되는 숫자나 수학 개념들 뒤에는 숱한 노력이 쌓여 있습니다.

앞선 사람들의 노력에 대해 우리는 마음 깊이 감사해야 합니다. 그런 마음이 인류의 또 다른 진보를 가져올 수 있겠지요.

문명은
피타고라스의 정리를
필요로 했다

√ 고대의 필수 상식, 피타고라스의 정리

❋ 선사시대에도 고층건물이 있었다?

우리가 살아가는 데 꼭 필요한 의식주 가운데 가장 중요한 것은 역시 '식'이겠지요. 옷과 집은 없어도 어찌어찌 살 수 있겠지만 음식이 없으면 얼마 못 가 죽고 말 테니까요.

수학은 인간의 생활, 특히 '식'과 밀착되어 발달해 왔습니다. 사냥한 동물의 수를 하나둘 세다 보니 자연수가 사용되기 시작했고, 동물을 여러 사람에게 공평하게 분배하다 보니 분수가 생겨났습니다. 또 농경사회가 되고 집단이 커지자 계급이 나뉘게 되었는데, 권력을 가진 순서에 따라 곡식을 다르게 분배하다 보니 좀 더 복잡한 계산을 필요로 하게 되었습니다.

이번에는 수학 중에서도 도형에 대해 말씀드리려고 합니다. 우리에게 익숙한 선이나 면, 원, 사각형 등을 가지고 길이, 넓이, 각도 같은 것들을 다루어 보도록 합시다.

가장 먼저 길이에 대해 이야기할 텐데요, 길이도 역시 아주 오래전부터 인간의 생활과 굉장히 밀접하게 연관되어 있었습니다.

동물을 사냥할 때 반드시 필요한 것이 창이나 활 같은 무기였습니다. 무기가 없다면 인간은 너무나 약한 존재잖아요. 무기는 사용하는 사람의 몸과 잘 맞아야 했습니다. 창이 키보다 너무 길거나 짧으면, 활이 팔의 길이보다 너무 길거나 짧으면 다루기 불편해서 번번이 동물을 놓칠 테니까요. 그러다 보니 손 길이에서 나온 '자', 발 길이에서 나온 '피트'처럼 몸을 기준으로 하는 길이의 단위들이 만들어졌습니다.

아주 긴 길이를 측정해야 할 때는 어떻게 하면 될까요. 예를 들어 한 동네부터 다른 동네까지의 길이라든가요. 이때도 몸을 기준으로 할 수 있습니다. 몇 걸음 걸어가면 되는지 따져 보는 것이지요. '보'라는 단위는 이렇게 해서 생겨났습니다.

몸을 기준으로 만들어진 길이의 단위들은 무척 편리했습니다. 하지만 사람 몸의 길이가 조금씩 다르다 보니, 같은 이름을 가진 단위라도 지역에 따라 실제 길이가 달라지기도 했지요.

다음으로는 수직에 대해 알아봅시다. 수직이란 두 선이나 두 면이 직각을 이루며 만나고 있는 상태를 뜻합니다. 수직은 우리 생활과 어떻게 연관되어 있을까요.

의식주 중에서도 특히 수직과 연관된 것이 있지요. 바로 주, 그러니까 집입니다. 건축물을 지을 때는 땅과 수직으로 벽을 세우기 마련이니까요.

먼 옛날 사람들은 어떤 집에 살았을까요. 아마도 여러분은 동굴이나 움집을 떠올릴 겁니다. 하지만 실제로 인류는 신석기 시대에 이르면서 상당히 그럴듯한 건축물들을 건설했습니다. 일본의 대표적인 신석기 시대 유적인 산나이마루야마 유적에 가 보면 유독 눈에 띄는 건축물이 하나 있는데요, 높이가 무려 20미터에 달한답니다.

과거 사람들의 생활 수준이 무조건 낮았을 것이라 생각하는 것은 현대인들의 흔한 편견입니다. 그 시대에 이미 그 정도로 높은 건축물을 만들 수 있는 기술이 있었습니다. 당연히 수직

산나이마루야마 유적 일본 아오모리 시에 위치한 신석기 시대의 대규모 취락 유적지. 당시의 건축 기술 수준을 알 수 있어 고고학적으로 큰 의미를 갖는다.

을 만들기 위한 지식도 발전했지요.

만약 여러분이 '높이가 20미터 되는 건축물을 지으려면 어떻게 해야 하는가'라는 질문을 받으면 답을 할 수 있을까요. 짐작도 못 할걸요. 평소에 어렵고 까다로운 일들은 각 분야의 전문가에게 맡기면 그만이기에 우리는 생각이라는 것 자체를 할 필요가 별로 없습니다. 과거에는 달랐습니다. 아직 직업이 세세하게 나뉘기 전이라 스스로의 의식주를 해결하기 위한 방법을 치열하게 생각해야 했습니다. 어쩌면 생각하는 능력 자체는 선사시대 사람들이 우리보다 훨씬 더 뛰어난 것 같기도 하네요.

❖ 삼각자 없이 직각삼각형을 그리는 법

건축물에서 가장 자주 이용되는 도형은 단연 직사각형과 정사각형입니다. 요즘은 다양한 모양의 건축물도 만들어지고 있습니다만, 그래도 대부분의 건축물은 네모지게 생겼으니까요. 겉에서도 안에서도 직사각형이나 정사각형을 쉽게 찾을 수 있지요.

직사각형과 정사각형을 그리는 방법을 알아봅시다. 사각형은 두 개의 삼각형이 합쳐진 도형이라고도 할 수 있습니다. 그러면 먼저 삼각형을 만들어야겠군요.

정삼각형부터 시작해 볼까요. 선을 하나 그린 다음, 반지름이 선의

건축물에서 볼 수 있는 직사각형과 정사각형 태국 방콕의 고층 건물(위)도, 이탈리아 베네치아의 주택(가운데)도, 또한 주택 내부를 보여 주는 도면(아래)도 직사각형이나 정사각형의 형태로 이루어져 있다.

길이와 같은 두 원을 선의 양 끝을 중심으로 하여 각각 그립니다. 그리고 두 원이 만나는 점과 선의 양 끝을 잇습니다.

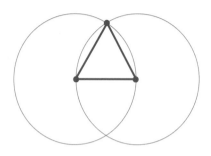

정말 쉽군요. 그런데 이런, 정삼각형 두 개를 가지고서는 어떻게 조합해 보아도 직사각형이나 정사각형이 나오지 않습니다. 정삼각형에는 직각이 없기 때문이지요. 우리에게 필요한 것은 직각삼각형 두 개입니다.

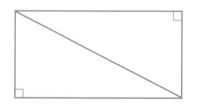
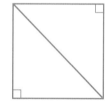

그리고 직각삼각형을 만들기 위해서는 바로 이것이 필요합니다.

피타고라스의 정리.

어마어마하게 유명해서 수학을 좋아하지 않는 사람들도 내용을 기억하고 있을 것 같네요. '직각삼각형에서 빗변을 한 변으로 하는 정사

각형의 넓이는 나머지 두 변을 각각 한 변으로 하는 두 정사각형의 넓이의 합과 같다.'

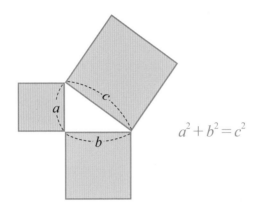

$$a^2 + b^2 = c^2$$

직각삼각형에서 가장 긴 변의 제곱은 다른 두 변을 각각 제곱한 것의 합과 같다고 표현할 수도 있지요. 그러니까 이 조건에 맞는 세 변의 길이를 알면 직각삼각형을 그릴 수 있는 것입니다. '그렇군. 피타고라스의 정리를 이용하면 간단하겠네' 하는 생각이 드나요. 그런데 고대 사람들에게는 여전히 그리 간단한 일이 아니었습니다. 무리수가 문제가 되었지요.

학생들이 흔히 쓰는 삼각자는 보통 직각삼각형 두 개로 이루어져 있습니다. 여러분도 써 본 적이 있을 겁니다. 삼각자를 대고 그리면 손쉽게 직각을 만들 수 있어서 참 편리합니다.

고대 사람들이 이와 같은 모양의 직각삼각형을 그릴 수 있었을까요. 아니요, 불가능했답니다. 두 삼각자를 한 번 들여다보세요. 그리고

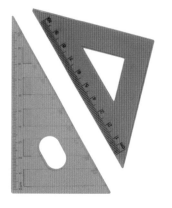

피타고라스의 정리를 이용해 계산해 보세요. 계산하다 보면 2의 제곱근(√2)과 3의 제곱근(√3)이 나옵니다. 무리수이지요.

고대에는 무리수에 대한 개념이 없었습니다. 그러니 무슨 수로 한 변이 무리수인 직각삼각형을 그릴 수 있었겠습니까.

고대 사람들의 머릿속에는 모든 변이 자연수인 직각삼각형만 존재했습니다. 그래서 피타고라스의 정리를 만족시키는 세 자연수의 쌍을 찾아내야 했습니다. 이러한 자연수들을 '피타고라스 세 쌍'이라고 부릅니다.

3, 4, 5	5, 12, 13	8, 15, 17	7, 24, 25
20, 21, 29	12, 35, 37	9, 40, 41	28, 45, 53
11, 60, 61	16, 63, 65	33, 56, 65	48, 55, 73
13, 84, 85	36, 77, 85	39, 80, 89	65, 72, 97

원시 피타고라스 세 쌍 피타고라스 세 쌍 중에서도 이 세 개의 수가 1 이외의 다른 인수를 갖지 않는 경우를 '원시 피타고라스 세 쌍'이라 한다. 3, 4, 5는 피타고라스 세 쌍이자 원시 피타고라스 세 쌍인 반면, 6, 8, 10은 원시 피타고라스 세 쌍에는 해당되지 않는다. 가장 큰 수가 100보다 작은 원시 피타고라스 세 쌍은 모두 열여섯 개다.

가장 유명한 피타고라스 세 쌍은 3, 4, 5입니다. 세 변의 길이가 이러한 직각삼각형은 직선 자와 컴퍼스만 있으면 쉽게 그릴 수 있습니다. 다른 피타고라스 세 쌍으로도 같은 원리로 직각삼각형을 그릴 수 있고요.

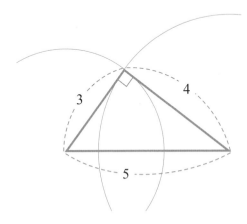

❖ 피타고라스 정리 탄생의 미스터리

혹시 약간 이상한 점이 있다고 느끼지 않았나요? 역사를 잘 아는 사람이라면 알아챘을 것 같네요. 고대 문명은 기원전 수천 년 전으로 거슬러 올라갑니다. 바빌로니아의 첫 번째 왕조가 들어선 것이 기원전 2000년경입니다. 그런데 피타고라스는 이보다 훨씬 이후인 고대 그리스 사람입니다. 기원전 582년부터 496년까지 살았지요. 정확한 연도에 대해서는 여러 가지 설이 있지만 어쨌든 고대 문명과는 시기적으로 차이가 있습니다.

사실 피타고라스의 정리는 피타고라스 이전의 고대 문명에서 이미 알려져 있었답니다. 피타고라스는 이 정리를 처음 발견했다기보다는 처음 수학적으로 증명한 사람이라고 보아야 합니다.

바빌로니아에서 피타고라스의 정리를 사용했던 기록이 오늘날에도 많이 남아 있습니다. 바빌로니아 사람들은 피타고라스 세 쌍을 쐐기 문자로 점토판에 적어 놓았습니다. 물론 그때는 다른 이름으로 불렀겠지요.

가장 많이 쓰인 직각삼각형은 앞에서도 이야기한 3, 4, 5의 길이를 가진 직각삼각형이었습니다. 좀 더 정확히 표현하자면 세 변의 길이의 비가 3:4:5인 직각삼각형입니다. 오늘날 흔히 쓰이는 삼각자와는 모양이 다르지만 직각을 측정하는 데는 무리가 없었습니다.

피타고라스의 정리를 몰랐다면 고대 문명은 직각을 정확하게 측정하지 못했을 것이고, 그랬다면 거대한 건축물을 지을 수 없었을 겁니다. 이집트의 피라미드는 피타고라스의 정리의 위대함을 보여 주는 대표적인 유적입니다. 피라미드의 밑면은 네 각이 모두 직각인 정사각형입니다. 만약 이 각도에 오차가 있었다면 꼭대기 부분이 정확하게 맞지 않는 대형 사고가 일어났을걸요.

이 외에 고대 인도와 중국에서도 피타고라스의 정리를 알고 있었습니다. 그러니 피타고라스의 이름을 붙이는 대신 직각삼각형의 정리라고 부르는 편이 공정할지도 모르겠네요.

바빌로니아의 점토판에 새겨진 피타고라스의 정리 기원전 1800~1600년에 만들어진 것으로 추정된다.

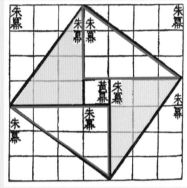

중국 『주비산경』에 수록된 피타고라스의 정리 『주비산경』은 한나라 때 쓰인 수학 및 천문학 문헌이다. '구(句)를 3, 고(股)를 4라고 할 때 현(弦)은 5가 된다'라는 글이 적혀 있다.

피타고라스의 정리를 이용해 건축된 이집트 피라미드 피타고라스는 젊은 시절 이집트에서 여러 해 동안 공부했다. 아마도 그는 이집트의 수학으로부터 큰 영향을 받았을 것이다.

인류 역사에서 주요 고대 문명이 일어난 장소를 세계 지도에서 살펴보면 한 가지 공통점을 찾을 수 있습니다. 큰 강이 흐르고 있다는 것이지요.

따져 보면 지극히 자연스러운 일입니다. 물이 없으면 인간은 살아갈 수 없으니까요. 밥은 안 먹고도 어느 정도 버틸 수 있지만 물은 안 먹으면 얼마 안 가 목숨이 위태로워집니다.

더구나 수렵채집 사회에서 농경 사회로 이동하면서부터 물의 중요성이 더욱 커졌습니다. 물을 지속적으로 공급할 수 있어야 농사도 안정적으로 지을 수 있는 법입니다. 인류가 물 가까이 살게 된 것은 필

4대 문명의 위치 인류 역사의 대표적인 고대 문명으로 꼽히는 이집트 문명, 메소포타미아 문명, 인더스 문명, 황허 문명은 모두 큰 강이 흐르는 지역에서 발달했다.

연적인 선택이었습니다.

고대 문명이 큰 강을 따라 발달했다는 것은 곧 큰 강 주변에 대규모 거주지가 건설되었다는 것을 의미합니다. 인류 최초의 도시들이 큰 강 주변에 만들어졌다고도 표현할 수 있겠네요.

이것은 또한 무엇을 의미하겠습니까. 네, 그래요. 피타고라스의 정리가 고대 문명에서 큰 역할을 했다는 것을 의미하지요. 대규모 거주지가 건설되기 위해서는 정교한 건축 기술이 바탕에 되어야 하는데, 건축 기술에서 직각을 정확히 측정하는 것은 필수적입니다. 피타고라스의 정리는 바로 이것을 가능하게 했습니다.

고대 문명의 발달은 농경 사회에 따른 인구 증가가 주요 원인이었지만, 피타고라스의 정리 내지는 직각삼각형의 정리도 톡톡히 한 몫을 한 셈입니다.

$\sqrt{\ }$ 수학이라는
초능력

※ 고대의 첨단 관측 도구, 해시계

초능력. 그냥 뛰어난 정도의 능력이 아니라 어떤 초자연적인 능력을 말합니다.

요즘은 초능력 하면 미래의 일을 예언한다든가 "당신은 전생에 이런 사람이었소" 하고 알려 주는 능력을 떠올리곤 하지요. 그런데 고대 문명에서는 계절의 변화를 예측하는 능력이 초능력으로 대접받았답니다.

인류는 수렵채집 생활을 할 때부터 계절의 변화에 관심이 많았습니다. 계절에 따라 어떤 동물이 활동하는지, 어떤 나무가 열매를 맺는지가 달라졌으니까요. 농경 생활을 시작하면서부터는 계절의 변화가 더욱 중요한 역할을 하게 되었습니다. 농사 전체를 좌지우지할 수도 있었지요.

앞서 지도를 통해서도 보았듯이 고대 문명은 큰 강 주변에 발달했습니다. 그런데 큰 강은 계절에 따라 주기적으로 범람하기 마련입니다. 이 현상은 농사에서 양날의 검과도 같았습니다.

강의 범람은 주변의 논밭에 물을 공급해 줍니다. 그뿐인가요. 상류의 삼림이 만들어 낸 풍부한 영양소도 옮겨다 줍니다.

하지만 강의 범람으로 인해 논밭에 뿌려 놓은 씨가 휩쓸려 가기도 합니다. 한 해 농사를 완전히 망치게 되는 것입니다.

그래서 사람들은 "강이 언제 범람할까", "1년에 우기가 몇 번이나 있을까", "씨를 언제 뿌리고 언제 수확하는 게 좋을까" 같은 질문에 대한 답을 간절히 원했습니다.

그러다 마침내 이 답을 가진 사람이 등장했지요. 그 사람은 곧 초능력자로서 대접을 받았습니다.

그럴 수밖에 없는 것이, 이집트나 바빌로니아같이 사계절이 뚜렷하지 않고 1년 내내 비교적 계절이 일정한 지역에서는 1년이 정확히 며칠로 이루어져 있는지 계산하는 것조차 쉽지 않았습니다. 또한 강이 언제 범람하는지는 강 주변뿐 아니라 강의 상류 지역에 비가 내리는 시기까지 계산해야 확실히 알 수 있었습니다. 보통 사람들에게는 역부족이었습니다.

고대 이집트의 해시계 기원전 1500년에 제작된 것으로, 현재 남아 있는 가장 오래된 해시계다.

미국 메릴랜드 주의 공원에 있는 장식용 해시계 막대가 직각이 아니라 기울어져 있다. 해시계가 시간을 정확히 나타내려면 해시계의 면과 막대가 이루는 각이 위도와 일치해야 한다.

물론 이것은 진짜 초능력이 아니지요. 계절의 변화를 예측하는 것은 천문학 덕분입니다. 그리고 여기서 또 한 번 피타고라스의 정리가 중요한 역할을 했습니다. 첨단 관측 도구를 만들기 위해서는 직각이 꼭 필요했거든요.

당시의 첨단 관측 도구라 하면 단연 이것이었습니다. 지표면에 세운 기다란 막대였지요.

계절의 변화는 지구가 기울어진 채 공전하기 때문에 일어나는 현상입니다. 지구는 춘분, 하지, 추분, 동지 순으로 태양의 주위를 돌고 그렇게 한 번 돌면 1년이 됩니다.

그런데 우리는 지구에 있기 때문에 태양이 우리 주위를 도는 것처럼 보입니다. 태양의 위치는 계절에 따라 조금씩 달라집니다. 하지에는 태양이 높이 뜨고 반대로 동지에는 낮게 뜹니다.

태양으로 인해 땅에는 그림자가 생기기 마련입니다. 그림자는 태양이 수평선에서 막 떠오르는 아침에는 길었다가, 태양이 중천에 떠 있는 낮에는 짧아지고, 태양이 수평선 너머로 지는 저녁에는 다시 길어집니다. 같은 원리로 그림자의 길이는 계절에 따라서도 길어졌다 짧아졌다 합니다.

그래서 막대의 그림자 길이를 재면 시간도 알 수 있고 계절의 변화도 알 수 있었습니다. 이것이 해시계의 원리랍니다.

이보다 훨씬 나중에 만들어진 해시계는 막대의 각도를 조절해 정확성을 더욱 높였습니다. 하지만 고대 문명에서 만들어진 최초의 해시계는 막대가 지표면에 수직으로 세워져 있었습니다. 분명히 피타고라스의 정리를 이용해서 직각을 쟀겠지요.

❖ 수학으로 얻은 권력, 수학으로 세운 국가

고대 문명에서 3:4:5 비율의 직각삼각형은 초능력자가 가진 마법의 도구로 여겨졌는지도 모르겠습니다. 이것이 있으면 거대한 건축물도 만들 수 있고 계절의 변화도 예측할 수 있었으니까요.

보통 사람들은 초능력자의 말을 기꺼이 믿고 따랐을 겁니다. 괜히

아부심벨 신전의 람세스 2세 상 고대 이집트의 여러 파라오 중에서도 가장 강력한 권위를 가진 파라오는 람세스 2세였다. 그는 태양신의 아들로 추앙받으며 이집트 곳곳에 자신을 위한 신전과 조각상을 건설했다.

거슬렀다가 농사를 망치면 자기만 손해잖아요. 밥은 먹고 살아야 할 것 아니겠습니까. 그러다 보니 초능력자는 권력자의 위치에 오르거나, 적어도 권력자 밑에서 중요한 직책을 맡았습니다.

단순히 사람들이 많이 모이고 도시가 세워진다고 해서 곧바로 나라가 뚝딱 이루어지는 것은 아닙니다. 사람들 사이에 계급이 나뉘고 강력한 권력을 가진 사람이 등장해야 하지요. 그렇게 권력이 초능력자를 중심으로 집중되면서 나라가 탄생하게 되었습니다. 수학의 발전이 나라

람세스 6세의 무덤에 그려진 하늘의 여신 누트와 별자리 고대 이집트는 뛰어난 천문관측 기술을 가지고 있었다.

를 탄생하게 했다고도 할 수 있겠네요.

이게 다가 아닙니다. 수학은 천문학을 비롯해 다양한 과학이 발전하는 뒷받침이 되었습니다.

그 후로도 고대 문명에서 수학은 무럭무럭 자라났습니다. 지금까지도 이름이 남아 있는 유명한 수학자들도 하나둘 등장했습니다. 피타고라스나 유클리드, 아르키메데스 같은 수학자들 말입니다.

하지만 그전부터 오랜 세월에 걸쳐 수학이 발전했기에 이 수학자들

이 존재할 수 있었다는 사실을 잊으면 안 됩니다. 그 유명한 유클리드의 『기하학 원론』만 해도 그때까지 발전해 온 이론을 모아 놓은 것이지요.

물론 그중에서도 아르키메데스는 독창적인 발견을 유난히 많이 해서 오늘날 역사상 가장 위대한 3대 수학자 중 한 명으로 꼽힙니다. 참고로 나머지 두 명은 뉴턴과 가우스입니다.

√ 만물은 수^數로 이루어졌나니

❖ 피타고라스는 수학자? 종교지도자?

요즘에는 피타고라스의 능력에 의문을 가진 사람들이 많은가 봅니다. 피타고라스의 정리가 그 자신의 독창적인 성과가 아니라는 이유 때문입니다.

하지만 피타고라스의 공을 무시해서는 안 됩니다. 비록 이전부터 있었던 지식이라도 피타고라스가 최초로 증명했기에 수학적으로 다양하게 활용될 수 있는 것이니까요.

피타고라스의 정리를 이용하면 좌표에서 두 점 사이를 구할 수 있습니다. 또 입체도형에서 대각선의 길이도 계산할 수 있습니다.

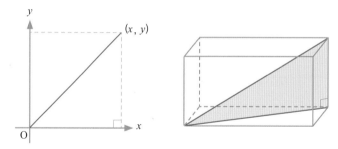

피타고라스 하면 피타고라스학파 이야기도 빼놓을 수 없지요. 이름 그대로 피타고라스가 창설한 학파입니다.

피타고라스학파는 단순히 피타고라스를 따르며 수학을 연구하는 모임 이상의 것이었습니다. 일종의 철학 단체이기도 했지요.

수학과 철학이라니, 어색한 조합처럼 느껴지나요. 하지만 그 시대는 자연과학과 철학이 지금과 같이 분명하게 나뉘어 있던 때가 아니었습니다. 피타고라스학파는 정도가 조금 심해서 때로 신흥 종교 단체 같은 모습을 보이기도 했지만 말입니다.

피타고라스학파의 근본 믿음은 '만물의 근원은 수*다'라는 것이었습니다. 그런데 피타고라스학파에게 수는 오로지 자연수로 한정되어 있었습니다. 자연수, 그리고 자연수의 비를 통해 온 세상을 표현할 수 있다고 믿었던 것입니다.

자연수의 비란 분수를 가리킵니다. 그러니까 요즘 식으로 말하면 피타고라스학파는 자연수와 분수를 신봉했다고 할 수 있습니다.

또 다른 식으로 표현하면 양의 유리수를 신봉했다고 할 수도 있고

피타고라스

Pythagoras

(BC 582? ~ BC 496?)

에게 해의 사모스 섬에서 태어났다. 이집트로 유학을 떠나 23년 동안 기하학과 천문학을 공부했다. 이집트를 침공한 페르시아 제국의 포로가 되어 바빌론에서 12년을 보냈다. 60세 무렵에 그리스로 돌아와 크로톤 섬에서 피타고라스학파를 결성했다. 피타고라스학파는 수학을 연구하는 한편, 윤회사상을 신봉하고 육식을 금했다. 피타고라스는 제자들이 자신의 사상을 기록하지 못하게 했기에 그의 저작으로 전해지는 책은 없다.

일출을 찬양하는 **피타고라스학파** 러시아 화가 **표도르 브로니코프**의 1869년 작품. 피타고라스학파는 피타고라스를 신격화했으며, 콩을 먹는 것을 죄악시하는 등 독특한 계율도 가졌다.

요. 유리수에는 음수도 포함되지만 피타고라스가 살던 시대에는 아직 음수를 수로서 정식으로 인정하지 않았습니다.

말이 나왔으니 조금 설명하자면, 음수가 수학의 세계에서 어엿한 시민권을 얻기까지는 한참을 기다려야 했습니다. 음수가 인정받은 것은 데카르트가 좌표를 만들면서부터입니다.

피타고라스학파는 자연수를 중요시한 만큼 자연수의 성질에 대해 연구에 연구를 거듭했습니다. 수학의 한 분야인 정수론은 정수의 성질을 연구하는 학문인데, 피타고라스학파는 정수론의 기초를 다지는 데 크게 기여했습니다. 자연수는 정수의 일부이니까요.

또한 피타고라스학파는 정다면체에도 관심이 많았습니다. 정다면

체는 정사면체, 정육면체, 정팔면체, 정십이면체, 정이십면체, 이렇게
다섯 가지 종류만 존재한다는 사실을 증명해 내기도 했습니다.

  비록 특이한 면이 있긴 했지만 피타고라스학파는 수학의 발전에 큰
역할을 했습니다. 괴상한 종교 단체로만 폄하하는 것은 그들에 대한
예의가 아니겠지요.

❖ **피타고라스의 별에 담긴 모순**

그런데 피타고라스학파의 생각에도 큰 모순이 있었습니다. 아이러니
하게도 그 모순은 피타고라스의 정리 속에 존재했습니다.
  피타고라스학파는 만물은 수라는 것, 그리고 이 수는 오직 양의 유리
수뿐이라는 것을 굳게 믿었지요. 하지만 음수는 논외로 하더라도, 사실
수에는 양의 유리수 외에 또 다른 수가 있습니다.
  앞에서도 보았던 삼각자를 다시 한 번 살펴봅시다. 직각삼각형이자
이등변삼각형인 삼각자에서 세 변의 비는 $1:1:\sqrt{2}$가 됩니다. $\sqrt{2}$는 무
리수입니다.

고대 그리스 유적의 황금비 파르테논 신전(위)은 기둥의 높이와 윗부분의 높이가 황금비를 이루고 있으며, 밀로의 비너스(왼쪽)는 배꼽을 중심으로 상반신과 하반신이 황금비를 이루고 있다.

유리수는 소수점 이하의 숫자가 그 개수가 딱 정해져 있거나 규칙적으로 반복됩니다. 자연수의 비, 그러니까 분수로 표현하는 것이 가능합니다. 그런데 무리수는 소수점 이하의 숫자가 불규칙하게 무한히 계속됩니다. 자연수의 비로 표현하는 것이 불가능합니다. 대표적인 무리수로 원주율이 있습니다.

원의 둘레 = 지름 $\times$ π
원의 넓이 = 반지름^2 $\times$ π
π = 3.14159 ······

직각이등변삼각형의 빗변은 곧 정사각형의 대각선입니다. 원주율은 넘어가더라도, 이렇게 눈앞에 빤히 보이는 무리수까지 어떻게 외면할 수 있을까요. 자연수를 향한 피타고라스학파의 견고한 믿음이 다른 것도 아닌 피타고라스의 정리로 인해 무너지는 것입니다.

피타고라스학파의 심벌은 정오각형의 대각선으로 만들어진 별이었습니다. 이 별을 '피타고라스의 별'이라고도 부릅니다. 그런데 심지어 이 별 안에도 무리수가 있습니다.

오각형의 별은 가장 이상적인 아름다움을 가지고 있다고 여겨집니다. 각 선들이 황금비를 이루고 있기 때문입니다. 여러분도 한 번쯤 황금비라는 말을 들어 보았을 겁니다. 많은 건축물과 조각상이 황금비에 따라 만들어졌지요.

이 황금비를 계산하기 위해서는 5의 제곱근이 필요합니다.

$$x = \frac{1 \pm \sqrt{5}}{2} = 1.61803398875 \cdots\cdots$$

과연 피타고라스학파는 그들이 자랑스레 내걸고 있는 심벌 속에 스스로를 부정하는 수가 들어 있다는 사실을 알아차렸을까요.

개중에는 알아차린 사람도 있었던 모양입니다. 하지만 입 밖으로 꺼내는 것은 절대 금지였습니다. 그들은 무리수를 '알로곤'이라고 불렀는데 이는 '말로 표현할 수 없다'는 뜻이었습니다.

비록 한계도 가지고 있었지만 당시 피타고라스학파는 최고의 지식 집단으로 인정받았습니다. 피타고라스는 '사모스의 위대한 현인'이라 불리기도 했고요.

자고로 학문에서 가장 큰 권위를 가진 사람에게는 반대파가 생기기 마련입니다. 피타고라스도 예외가 아니었지요. 반대파의 일원이었던 제논은 여러 가지 역설을 만들어 냈는데, 그중 가장 유명한 것이 '아무

제논의 역설 거북이와 아킬레우스가 경주를 한다. 단, 거북이가 1000미터 앞에서 출발한다. 아킬레우스가 거북이가 출발한 위치까지 오면, 그사이 거북이는 1미터 앞으로 나아가 있다. 이 1미터를 아킬레우스가 따라잡으면 그사이 거북이는 $\dfrac{1}{1000}$미터 나아가 있다. 또한 이 $\dfrac{1}{1000}$미터를 아킬레우스가 따라잡으면 그사이 거북이는 $\dfrac{1}{1000000}$미터 나아가 있다. 이처럼 거북이는 항상 앞서 나가 있으므로 아킬레우스는 영원히 거북이를 따라잡을 수 없다!

피타고라스학파는 세상이 자연수의 비로 이루어져 있다는 믿음에 따라 공간과 시간을 수많은 점이나 순간으로 분할할 수 있다고 주장했는데, 제논의 역설은 이 주장을 공격하고 있다. 제논의 역설에는 그 당시에는 없던 '무한'이라는 개념이 담겨 있었기에 피타고라스학파는 이 역설이 틀렸음을 증명하지 못했다.

리 아킬레우스가 빨리 달려도, 앞서 출발한 거북이를 따라잡을 수 없다'라는 역설입니다. 제논이 이 역설을 만든 것은 피타고라스학파를 공격하기 위해서였습니다.

피타고라스는 플라톤에게도 영향을 미쳤습니다. 흔히 플라톤을 철학자라고만 생각하지만 그는 수학자이기도 했답니다. 그전까지 발전한 수학 지식 덕분에 피타고라스가 존재할 수 있었듯이, 피타고라스가 있었기에 그 이후의 수학자들이 존재할 수 있었겠지요.

천재 수학자들의
위대한 도전

√ 이토록 대단한
이차방정식

1500년대에 인류는 또 하나의 중요한 수학적 발견을 하게 됩니다. 그건 바로 이차방정식. 수학 교과서에는 이차방정식의 해법이 꼭 나오기 마련이지요.

$$ax^2 + bx + c = 0 \ (a \neq 0)$$

여기서 a가 0이 아니라는 조건은 매우 중요합니다. 만약 a가 0이면 이차방정식은 아예 성립될 수가 없거든요.

수학 문제를 풀 때는 어떤 조건이 붙어 있는지 잘 따져 보아야 합니다. 수학이라는 학문이 그렇지요. 조건이 안 맞으면 조금도 봐주지 않아요. 그래서 타고난 기질이 수학하고는 영 안 맞다 싶은 사람들도 있긴 할 겁니다. 하지만 반대로 생각하면, 수학은 주어진 조건을 잘 따르면 훨씬 쉽게 이해할 수 있는 학문이랍니다.

다시 이차방정식 이야기로 돌아갑시다. 어떤 방정식을 성립하게 하는 미지수 x의 값을 '근'이라고 합니다. 앞서 본 이차방정식에서 근은 이와 같습니다.

$$x = \frac{-b \pm \sqrt{b^2 - 4ac}}{2a}$$

이것이 이차방정식의 근의 공식입니다. 이 근이 어떻게 해서 나왔는지 그 계산 과정을 알고 싶다면 수학 교과서나 수학 문제집을 펼쳐 보면 됩니다. 저는 이 공식이 왜 위대한 발명인지, 어떤 수학자들의 아이디어가 바탕이 되었는지 알려 드리지요.

먼저 근의 공식을 좀 더 들여다볼까요.

어떤 미지수 앞에 있는 수를 '계수'라고 합니다. 이차방정식에서는 x^2과 x앞에 있는 수가 계수가 됩니다.

우리가 본 이차방정식은 문자만으로 이루어져 있네요. 계수도 문자이고 x가 붙지 않은 문자도 있습니다. 우리는 바로 이 점에 주목해야 합니다.

이차방정식은 먼 옛날에도 있었습니다. 바빌로니아의 점토판에는 이차방정식을 계산했던 기록이 남아 있습니다. 하지만 그때는 아직 이차방정식의 근의 공식이 생겨나기 이전입니다. 바빌로니아에도 이차방정식을 푸는 나름의 방법이 있긴 했지만 공식을 이용하는 것에 비하면 무척 까다로웠지요.

그 시대의 보통 사람들은 이차방정식을 푸는 것은 엄두도 내지 못했습니다. "이렇게 저렇게 해서 풀면 답이 나옵니다" 하고 친절한 설명을 듣는다 해도 풀이 과정이 워낙 복잡하고 까다로워서 이해할 수 없었을 테지요.

그만큼 그때의 수학은 오직 몇몇 특별한 사람들에게만 가능한 영역이었습니다. 그 몇몇 특별한 사람들도 정신이 아찔해질 때까지 머리를 쥐어뜯으며 이차방정식을 풀었을 겁니다.

만약 바빌로니아에서 이차방정식의 근의 공식이 만들어졌다면 어떤 일이 생겼을까요. 세상의 비밀을 알았다며 사람들이 환호성을 지르지 않았을까요.

❖ 문자에 수를 넣는다는 아이디어

과거에는 일부 특권층만 권력을 가지고 있었고 나머지 사람들은 그저 주어진 일만 하고 살았습니다. 보통 사람들로서는 새로운 지식을 배울 기회도, 다른 일에 도전할 기회도 없었습니다.

하지만 이제는 세상이 달라졌습니다. 국민 모두가 권력을 함께 갖는 시대입니다. 다시 말해, 국민이 저마다의 능력을 발휘할 수 있어야 국가의 힘도 강해지는 시대입니다.

그래서 요즘에는 보통 사람들도 지식을 이용해야 할 때가 많지요. 그렇다고 모든 사람이 학자가 될 수는 없을뿐더러, 굳이 학자가 되어야 할 필요도 없습니다. 학자들이 정리해 놓은 연구 결과를 잘 다룰 수 있으면 그것만으로도 충분합니다.

학교 수업을 받는 아이들 오늘날 많은 국가가 국민의 전체적 역량을 강화하기 위해, 모든 국민이 일정한 나이가 되면 학교에 입학하도록 하는 '의무교육 제도'를 두고 있다. 수학은 반드시 배워야 하는 주요 과목 중 하나다.

이차방정식의 근의 공식은 바로 그런 점에서 위대한 발명이랍니다. 보통 사람들도 이차방정식을 한결 쉽게 풀 수 있게 되었으니까요. 수학은 몇몇 특별한 사람들의 영역에서 모든 사람들의 영역으로 바뀌었습니다.

그러면 어떻게 해서 근의 공식이 만들어졌을까요. "이차방정식을 변형해서 만들면 되잖아요" 하고 쉽게 말하는 분들도 있을 것 같네요. 하지만 여러분, 과거의 수학자들은 멍청이가 아니었는걸요. 오히려 천재에 가까웠습니다.

생각해 보니 참 의아하지요. 그 날고 긴다는 사람들이 왜 이 간단한 것을 알아내지 못했는지 말입니다.

제가 수학 교과서에 대해 참으로 아쉽게 생각하는 점이 바로 이것입니다. 수학 교과서는 이차방정식이 너무나 당연한 존재인 것처럼 다루고 있습니다. 이러한 풀이 방법을 얻기까지 어떤 노력들이 존재했는지는 별로 신경 쓰지 않습니다. 다른 수학 공식들에 대해서도 사정은 비슷하고요.

자, 앞에서 본 이차방정식을 다시 떠올려 보세요. 우리에게 지극히 익숙한 전형적인 이차방정식의 형태이지요. 바로 이 형태가 수학적 혁신이었답니다.

"그 형태가 아니면 이차방정식이 아닌 거잖아요" 하고 반문하는 분들에게 꼭 말씀드리고 싶네요. 그런 생각이야말로 그동안 수학이 비약적으로 발전했다는 증거입니다.

과거 사람들이 근의 공식을 갖지 못했던 것은 이차방정식을 이와 같은 형태로 쓰지 못했기 때문입니다. 이차방정식이 처음부터 이런 형태를 가지고 있었던 것은 아닙니다.

이차방정식을 이루는 문자들을 보세요. x^2이라든가 a라는 문자들에는 어떤 의미가 있을까요.

a라는 계수에는 적은 수든 많은 수든 모두 넣을 수 있습니다. 아, 물론 0은 제외하라고 했으니 그건 지켜야지요.

그런데 과거에는 이 방법을 몰랐습니다. 'a라는 문자에 수를 넣는다'는 생각 자체를 하지 못했습니다.

그럼 그전에는 어떻게 이차방정식을 표현했는고 하니, 말로 풀어서 설명하는 식이었습니다. 또 문자를 쓰더라도 서로 다른 수는 저마다 다른 문자를 이용했습니다.

수식에서 문자 대신 특정한 수를 바꾸어 넣는 것을 대입이라고 합니다. 대입이 생기고서야 지금 우리에게 익숙한 형태의 이차방정식이 나올 수 있었습니다. 대입은 간단한 듯하지만 천재적인 발상이었던 것이지요.

$\sqrt{\ }$ 아마추어 수학자, 비에트

❖ 취미 생활에서 꽃핀 업적

대입이라는 기가 막힌 방법을 생각해 낸 사람은 누구일까요. 우리는 그 사람에게 감사해야 합니다. 그 주인공은 16세기 프랑스의 수학자 프랑수아 비에트랍니다. 비에트의 아이디어를 바탕으로 여러분이 앞에서 보았던 전형적인 이차방정식이 만들어질 수 있었습니다.

이차방정식의 근의 공식에서 a가 3이든 0.15293735이든 어떤 수라도 상관없습니다. a, b, c에 각각 수를 넣기만 하면 어떤 이차방정식이라도 전부 다 풀 수 있습니다. 비에트 덕분입니다.

그런데 사실 비에트는 정식 수학자는 아니었습니다. 그의 진짜 직업은 변호사였지요. 전공도 법률이었고요.

오늘날 수학자로 알려진 사람들 중에 변호사였던 사람이 비에트 외에 또 한 명 있습니다. '페르마의 마지막 정리'로 유명한 페르마입니다. 페르마에 대한 이야기는 좀 이따 따로 말씀드리겠습니다. 변호사로서는 비에트가 좀 더 출세했던 것 같습니다. 비에트는 왕을 섬기는 궁정 고문관의 자리까지 올랐거든요.

변호사인 비에트에게 수학은 일종의 취미였습니다. 그러니까 비에트는 아마추어 수학자였던 것입니다. 당시에는 수학을 직업으로 삼기가 힘들었기 때문인 것 같습니다. 대학에도 수학 교수 자리가 많지 않았습니다.

하지만 아마추어였다고 해서 수학자로서 비에트를 평가 절하하면 안 됩니다. 비에트는 대입을 고안해 냈을 뿐 아니라 오늘날 우리가 쓰고 있는 더하기, 빼기 기호를 널리 알렸습니다. 또한 무려 정이백팔십각형을 이용해 원주율을 소수점 이하 아홉 번째 자리까지 정확하게 계산했습니다.

비에트의 성과를 받아들여 이차방정식을 발전시킨 또 한 명의 중요한 수학자가 있습니다. 이 수학자는 오늘날 우리에게 익숙한 x를 최초로 사용했습니다. 거듭제곱을 x^2과 같이 간편하게 표시하는 방식을 고안해 내기도 했습니다. x의 오른쪽 어깨에 2나 3 같은 숫자를 올리는 것 말입니다. 그는 바로 데카르트입니다.

데카르트의 이름을 들어 본 사람은 많을 겁니다. 대개는 철학자로

프랑수아 비에트

François Viète

(1540 ~ 1603)

프랑스 퐁트네르콩트에서 태어났다. 변호사인 아버지의 뒤를 이어 자신도 변호사가 되었다. 1580년 궁정 고문관으로 임명되어 앙리 3세와 앙리 4세를 위해 일했다. 본업 외에 수학에도 파고들어 대부분의 여가 시간을 수학 연구로 보냈다. 1579년 『수학 요람』, 1591년 『해석학 서설』, 1593년 『방정식의 수학적 해법』 등 다수의 수학 저서를 발표했다. 이 중 『해석학 서설』은 처음으로 대입에 대해 다룬 책이다.

알고 있지요.

비에트와 페르마, 데카르트가 활동하던 무렵, 유럽은 중세에서 근대로 이동하는 르네상스 시기였습니다. 이 시기는 고대에 비하면 학문이 분화된 편이었지만 그래도 지금 같은 정도는 아니었습니다. 철학을 하는 사람들도 자연과학에 관심을 가지고 연구를 했습니다. 철학자가 수학을 공부하는 것도 자연스러운 일이었습니다. 그래서 수학의 역사에서는 데카르트처럼 철학자로 더 유명한 사람의 이름도 종종 만날 수 있답니다.

이차방정식 하나만 이야기하는데도 내로라할 천재들의 존재가 여럿 등장하는군요. 비록 이름을 남기지는 못했지만 영향을 주고받으며 함께 노력한 천재들의 수는 훨씬 더 많았을 겁니다.

√ 철학자이자 수학자, 데카르트

❖ "나는 생각한다. 고로 나는 존재한다"

데카르트는 르네상스 시대를 대표하는 철학자 중 한 명입니다. 그뿐 아니라 철학사 전체를 통틀어서도 반드시 언급되는 철학자이고요. "나는 생각한다. 고로 나는 존재한다"라는 데카르트의 말은 누구나 한 번쯤 들어 보았을 겁니다. 아마도 17세기 프랑스의 철학자 파스칼이 말한 "인간은 생각하는 갈대다"와 함께 철학에서 가장 유명한 문장이겠지요.

데카르트와 파스칼은 공통점이 또 한 가지 있습니다. 뛰어난 수학자이기도 했다는 것입니다. 최초의 계산기가 파스칼의 손에서 발명되

르네 데카르트

René Descartes

(1596 ~ 1650)

프랑스 투렌에서 태어났다. 철학과 법학을 공부하고, 직업 군인이 되어 유럽 각지를 돌아다니다가, 1628년 네덜란드에 정착해 저술과 연구 활동에 매진했다. 1637년 『방법서설』을 출간해 자신의 철학 전체를 처음으로 세상에 공표했다. 이 책의 부록인 '기하학'에 좌표 개념이 제시되어 있다. 그는 인간에게는 이성이 있으며, 그 이성을 토대로 하는 사유 행위 속에 자아가 존재한다고 주장했다. 근대 철학의 아버지로 불린다.

었습니다.

하지만 어릴 때부터 천재 소리를 들으며 연구에만 몰두한 파스칼과 달리 데카르트는 젊은 시절 꽤 놀기도 하고 방황도 했던 모양입니다. 나쁜 친구들과 사귀는 것을 그만두기 위해 자원해서 군인이 되었다는 일화도 있습니다. 군대에서 최종적으로 중장 정도까지 진급했다고 합니다.

한때 군 생활을 하기도 했지만 데카르트는 기본적으로 몸이 약한 사람이었습니다. 어려서부터 허약해서 침대에서 지내는 시간이 많았습니다. 나중에 그는 스웨덴 여왕 크리스티나의 부탁으로 아침 일찍 철학 강의를 하다가 감기에 걸렸는데, 그만 감기가 폐렴으로 악화되어 1650년 54세의 나이로 갑작스레 눈을 감았습니다.

데카르트와 같은 시대를 살았던 사람들 중에 유명한 소설에 등장하는 인물들이 있습니다. 바로 삼총사와 다르타냥입니다. 프랑스의 소설가 뒤마의 작품 『삼총사』의 주인공들이지요. 가공의 인물이라 오해하는 분들이 많은데, 알고 보면 이들은 루이 13세의 궁정에서 활약했던 실제 인물입니다.

이 소설에는 삼총사와 다르타냥 외에, 악역이면서도 묘한 매력을 가진 인물이 하나 나옵니다. 추기경인 리슐리외입니다. 역시 실존 인물이랍니다. 리슐리외는 재상의 위치까지 올라 당시 막강한 권력을 지녔습니다.

그런데 데카르트에게 리슐리외는 특별히 고마운 사람이었습니다.

리슐리외 루이 13세의 재상으로서 왕권을 강화해 절대주의의 기초를 닦았다.

추기경이라는 신분에도 불구하고 데카르트를 교회의 간섭으로부터 지켜 주었던 것입니다.

리슐리외가 데카르트를 보호한 까닭은 무엇이었을까요.

사실 데카르트의 주장은 당시 기준으로는 위험한 구석이 있었습니다. 데카르트는 이성을 중요시하는 과학적 방법론을 주장했는데 이는 '신이 유일한 진리다'라는 믿음을 가진 로마 교회와 마찰을 일으킬 수밖에 없었거든요. "신은 존재한다. 고로 나도 존재한다"라고 해야 마땅하건만, 발칙하게도 "나는 생각한다. 고로 나는 존재한다"라고 하니 말입니다.

그런데도 리슐리외는 데카르트에게 "자네가 쓰고 싶은 것은 무엇이든지 쓰고 출판해도 좋네" 하고 허가해 주었습니다. 한 나라의 재상이기도 했던 그는 왕의 절대 권력을 강화하기 위해 애썼는데, 이러한 자신의 행동을 데카르트의 사상이 정당화해 주리라 생각했던 것입니다. 데카르트로서는 참으로 다행한 일이었습니다. 르네상스 시대를 맞아 유럽에 인본주의가 꽃피기는 했지만 그래도 아직은 종교가 큰 영향을 미치고 있었으니까요. 데카르트는 매우 신중하게 책을 내야 했는데 만약 리슐리외의 도움이 없었더라면 큰일을 당했을지도 모르겠습니다.

❖ 좌표와 음수

이러한 시대적 분위기 속에서 데카르트는 『방법서설』을 발표합니다. 오늘날 데카르트의 대표작으로 꼽히는 책입니다.

이 책은 기본적으로 철학책이지만 우리에게 매우 익숙한 수학의 도구가 수록되어 있습니다. 바로 '좌표'입니다.

우리가 당연하다는 듯이 사용하고 있는 좌표를 고안해 낸 사람이 데카르트입니다. 그리고 또 한 사람, 페르마의 공도 빼놓아서는 안 됩니다. 이 두 사람이 각각 독자적으로 좌표라는 개념을 생각해 냈다고 할 수 있습니다.

데카르트가 수학에 남긴 업적이 굉장히 많지만 그중에서도 좌표는 우리 일상에 가장 큰 영향을 미쳤습니다. 좌표를 사용하면 숫자나 수식을 가지고 도형을 정확하게 표현할 수 있습니다. 또한 어떤 물체의 움직임을 가로축과 세로축의 관계로 나타낼 수 있습니다.

좌표는 미적분과도 긴밀하게 연결됩니다. 물체가 움직이면 당연히 속도를 가집니다. 그 속도는 미분으로 구할 수 있습니다. 거꾸로 속도를 적분하면 물체의 위치를 알 수 있습니다. 좌표라는 개념이 바탕이 되었기 때문에 훗날 미적분이라는 개념도 체계적으로 정립될 수 있었습니다.

이런 것을 보면 새로운 생각이 또 다른 새로운 생각을 부른다는 사실을 잘 알 수 있지요.

데카르트의 업적은 이것이 전부가 아닙니다. 반드시 짚고 넘어가야 할 엄청난 업적이 또 한 가지 있습니다. 데카르트는 좌표에 음수를 표시했습니다.

음수는 수학의 역사에서 오랫동안 외면받아 왔습니다. 수는 면적이나 길이와 연관된 것으로 여겼기 때문입니다. 면적이나 길이가 음수가 될 수는 없지 않습니까.

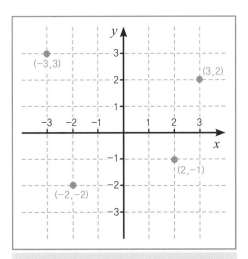

좌표 평면의 공간을 수평선과 수직선의 그래프로 변환시키고 평면 위의 모든 점을 두 개의 수로 나타내는 것. 좌표 덕분에 기존의 복잡한 기하학 원리들을 간결한 수식으로 표현할 수 있게 되었다.

그때까지 수학자들은 음수를 부적절한 수로 취급했습니다. 수학 문제의 답은 반드시 양수여야 했습니다. 수식을 계산한 결과 음수가 답으로 나오면 아예 무시하고 답이 존재하지 않는 것으로 생각했습니다.

이렇게 인정받지 못하고 방황해 온 음수에게 자리를 만들어 주었다는 점에서 데카르트의 좌표는 큰 의미를 가집니다. 데카르트는 음수의 은인이라고나 할까요.

데카르트의 생각들이 처음부터 널리 받아들여졌던 것은 아닙니다. 데카르트가 세상을 떠난 후 그의 책이 금서로 지정된 적도 있습니다. 새로운 아이디어를 떠올리는 것도 힘든 일이지만 새로운 아이디어가 세상 속에 녹아들기까지도 힘든 과정을 거쳐야 하는 법이랍니다.

$\sqrt{}$ 수수께끼를 남긴 수학자, 페르마

❖ 페르마의 마지막 정리

배우가 어떤 역할에 몰입해서 굉장히 인상적인 연기를 펼치면 종종 관객들은 그 배우와 배역을 하나의 존재로 겹쳐서 받아들입니다. 그 결과 오직 하나의 배역으로만 그 배우를 기억하게 됩니다. 정작 그 배우는 다른 역할을 연기한 적이 않은데도 불구하고 말입니다. 좀 미안한 일이지요.

수학의 역사에 이름을 남긴 천재들 중에서도 그런 달갑지 않은 일은 겪은 사람들이 있습니다. 그중에서도 가장 전형적인 예가 바로 페르마입니다.

앞에서도 이야기했듯이 페르마는 좌표라는 개념이 만들어지는 데 데카르트와 더불어 큰 역할을 한 수학자입니다. 하지만 페르마의 이름을 들으면 사람들은 좌표보다도 페르마의 마지막 정리를 떠올리기 마련입니다.

페르마의 마지막 정리를 간단하게 설명하면 이런 내용입니다.

n이 3 이상일 때

$$x^n + y^n = z^n$$

을 만족시키는 자연수 x, y, z는 존재하지 않는다.

n이 2인 경우는 이미 말씀드렸지요. 바로 피타고라스의 정리입니다. 설마 벌써 헷갈린다 싶은 분들은 기억을 되새겨 주세요.

n이 2라면 위의 수식은 피타고라스의 정리대로 $x^2 + y^2 = z^2$이 됩니다. 이 수식을 만족시키는 세 가지 자연수의 조합은 쉽게 찾을 수 있습니다. $x = 3, y = 4, z = 5$를 비롯해 굉장히 많습니다. 고대 사람들도 알고 있었습니다.

그런데 n이 3 이상이 되면 사정이 달라집니다. 웬일인지 이 수식을 충족시키는 자연수 x, y, z를 도저히 찾을 수가 없습니다.

정말 페르마의 말대로 그런 자연수는 존재하지 않는 것일까요. 이것을 증명하려면 어떻게 해야 할까요.

피에르 페르마

Pierre de Fermat

(1601 ~ 1665)

프랑스 보몽드로마뉴에서 태어났다. 법학을 공부해 변호사가 되었고, 1931년 지방의원이 되었다. 아마추어 수학자로서 많은 메모를 남기고 여러 수학자들과 편지를 주고받았는데, 결론만 적어 놓은 채 증명 방법은 밝히지 않곤 했다. 이는 후대의 수학자들에게 도전 과제가 되어 수많은 연구가 이어졌다. 특히 페르마가 남긴 최대 과제인 '페르마의 마지막 정리'를 증명하는 과정에서 정수론이 크게 발전하게 되었다.

❖ 수학자들의 도전, 그리고 실패

페르마의 마지막 정리가 유명세를 타게 된 데는 재미난 일화가 얽혀 있습니다. 그 일화는 책과 관련되어 있지요.

본격적으로 이 일화를 이야기하기 전에 꼭 말씀드리고 싶은 게 있습니다.

그 당시 책은 쉽게 구입하기가 힘들었습니다. 자연히 책은 일종의 귀중품과도 같았습니다. 한 권의 책을 가지고 높은 사람부터 낮은 사람까지 차례로 돌려 보곤 했습니다.

심지어 책을 빌려서 한 권을 통째로 베껴 쓰는 일도 흔했습니다. "팔 아프게 굳이 그래야 하나. 그냥 책 안 보고 말지" 하는 목소리가 어디선가 들리는 것 같군요.

책이 지금처럼 흔해진 것은 최근의 일입니다. 저를 가르치신 선생님도 학창 시절 책 살 돈이 없어 도서관 책을 베껴 쓰셨다고 합니다.

"한 권 베끼고 나면 만년필 한 자루가 다 망가졌지." 요즘도 가끔 생각나는 선생님의 말씀입니다.

흔히들 그러더군요. "공부에는 재능이 필요하지"라고요. 물론 틀린 말은 아닙니다.

하지만 재능보다 중요한 것이 있습니다. 바로 노력이지요.

예전에는 그런 불편함이 곧 노력의 일부였습니다. 심지어 아르키메데스는 땅이나 나무줄기, 돌 같은 곳에다 수식을 그리며 연구했다고

『산수론』 1670년 라틴어 판. 책의 내용 중 '주어진 제곱수를 두 개의 제곱수로 나누어라'라는 문제가 페르마에게 영향을 끼쳐 페르마의 마지막 정리가 되었다.

합니다. 요즘은 노트북, 태블릿 등 편리한 도구가 많은데, 편리함이 곧 노력을 대체해 주지는 못합니다. 편리한 도구가 없어서 공부를 할 수 없다고 불평한다면 그건 그저 핑계일 뿐입니다.

흠, 설교가 너무 길어져 버렸습니다. 다시 페르마의 마지막 정리로 화제를 돌려야지요.

디오판토스라고 하는 고대 그리스의 수학자가 있습니다. 그는 자신의 연구 결과를 『산수론』이라는 제목의 책으로 남겼습니다. 아쉽게도 지금은 일부만 전해지고 있는데, 주로 방정식의 해법에 대해 다루고 있습니다.

어느 날 페르마는 『산수론』을 읽고 있었습니다. 그러다 문득 아이디어를 얻어 페르마의 마지막 정리를 생각해 냈습니다. 페르마는 그 내용을 책 한 귀퉁이에 적었습니다. 이런 메모와 함께 말이지요. "나는 실로 경탄할 만한 증명 방법을 찾았지만, 여백이 좁아서 여기에 쓰진 않겠다."

이 메모는 페르마가 세상을 떠난 뒤에야 세상에 알려졌습니다. 그

때부터 난다 긴다 하는 수학자들이 이 정리를 증명하겠다며 팔을 걷어붙였습니다. 하지만 그 누구도 성공하지 못했습니다. 시간이 흐를수록 무수한 실패담만 쌓이고 쌓일 뿐이었습니다.

사람들은 페르마를 의심하기까지 했지요. 그 자신이 증명 방법을 발견했다는 말은 거짓말이거나 오해일 거라고 수군댔습니다.

❖ 마침내 해답을 찾다

무려 수백 년 동안 수많은 수학 천재들에게 쓰라린 좌절감을 안겨 주었던 페르마의 마지막 정리. 그런데 마침내 1994년 영국의 수학자 앤드류 와일스가 그 증명 방법을 발표했습니다. 전 세계가 환호했지요.

원래 와일스는 한 해 전에도 증명 방법을 발표했는데, 다른 수학자들이 이를 검증한 결과 오류가 발견되었습니다. 앞이 깜깜해지는 기분이었을 겁니다. 그 오류를 수정하기 위해 와일스는 제자 리처드 테일러의 도움을 받으며 다시 연구에 몰두했고 마침내 완벽한 해답을

앤드류 와일스 페르마의 고향 보몽드로마뉴에 위치한 페르마 동상 앞에 서 있는 모습이다.

얻을 수 있었습니다.

안타깝게도 앤드류 와일스의 증명 방법을 여기에다 풀어 쓸 수는 없습니다. 웬만한 수학자조차 한 번에 이해하기 힘들 만큼 너무나 길고 복잡하거든요.

여러분에게는 좀 허무하게 느껴질 수도 있겠습니다만, 사실 페르마의 마지막 정리에 대한 증명 방법은 실생활에서 도움이 될 여지가 거의 없습니다. 수학자들도 이 점을 잘 알고 있었습니다. 그런데도 왜 그토록 많은 사람이 페르마의 마지막 정리에 매료된 것일까요. 어떤 도움이 되지 않는데도 이처럼 주목을 받은 정리는 그 이전에도 이후에도 없었습니다. 수식 자체만 보면 간단해서 금세 증명할 수 있을 것만 같은데 의외로 쉽게 답이 나오지 않는다는 사실 자체가 사람들의 도전 의식을 자극한 게 아닌가 싶습니다.

이런 도전들 자체가 페르마의 마지막 정리가 낳은 성과일 것입니다. 답을 알아내기 위해 수많은 노력이 이어지다 보니 다양한 수학 이론이 발전할 수 있었거든요.

한 가지 의문은 남습니다. 페르마는 정말로 증명 방법을 발견했던 것일까요. 진실은 알 수 없습니다. 페르마가 공연한 소동을 일으킨 것인지도 모릅니다. 그래도 어찌 되었든 결과적으로 수학의 발전에 공헌했다는 사실은 부정할 수 없습니다.

안타까운 점은, 페르마가 이룬 다른 업적들이 페르마의 마지막 정리에 묻힌 감이 있다는 것입니다. 한 가지 배역으로만 기억되는 배우처럼요. 알고 보면 페르마가 수학에 남긴 자취는 그 이상으로 어마어마한데도 말입니다.

❖ 편지에 담긴 수학자들의 열정

페르마는 논문이나 책을 별로 남기지 않았습니다. 대신 페르마가 쓴 메모나 편지들에서 그의 연구를 살펴볼 수 있습니다.

페르마는 다른 수학자들과 교류하며 자주 편지를 주고받았습니다. 이때 자신이 계산한 결과라든지 흥미로운 예시를 적어 보내곤 했습니다. 페르마의 연구에 관심을 가진 수학자들은 그의 편지를 돌려보기도 하고 베껴 놓기도 했습니다.

이렇게 편지를 통해 페르마는 미적분이 성립되는 데 큰 기여를 했습니다. 그는 독일의 수학자이자 천문학자 케플러가 발전시킨 미적분을 더욱 체계화시켰습니다. 훗날 미적분을 정립한 뉴턴은 페르마의 아이디어에서 많은 영감을 얻었다고 말하기도 했지요.

좌표에 대한 기여도 빼놓을 수 없지요. 그런데 오늘날 좌표를 '데카르트 좌표'라 부르긴 해도 '페르마 좌표'라 부르지는 않습니다. 페르마는 논문이나 책을 내는 데 크게 관심이 없었기 때문에 평가 면에서 불리할 수밖에요. 같은 연구를 했더라도 공식적으로 발표했느냐 아니냐에 따라 평가가 엇갈립니다. 그저 페르마는 수학에 대해 논하는 일

마랭 메르센 프랑스의 수학자이자 물리학자. 소수와 완전수를 연구했다. 그가 여러 학자들과 학문적 의견을 교환한 편지들은 당시 학계의 교류와 연구 흐름을 알 수 있는 중요한 사료다.

프랑스 과학아카데미 1665년 설립되었다. 영국의 왕립학회와 함께 17~18세기 과학 발전을 이끌었다. 현재 약 150명의 정회원, 300명의 통신회원, 120명의 외국인 준회원이 소속되어 있다. 수학 · 물리학 분야와 화학 · 생물학 · 지질학 · 의학 분야로 나뉜다.

자체를 즐겼던 것 같습니다.

페르마와 편지를 주고받았던 수학자들 중에 메르센이 있습니다. 학회라는 것이 없던 그 시절, 메르센의 살롱은 수학자들의 사랑방이었습니다.

페르마 외에도 파스칼, 데카르트, 카발리에리 등 수학사에 이름을 남긴 천재들이 이곳을 통해 교류했습니다. 그들 사이에 오간 편지들은 거의 논문이나 다름없었습니다.

메르센의 살롱은 프랑스 과학아카데미의 탄생으로 이어졌습니다. 오늘날에도 그 역사가 계속되고 있지요.

수학에 빠진 천재들끼리 편지를 주고받으며 수학을 논하는 모습. 어떻습니까. 꽤나 낭만적이지 않나요.

미분, 적분은
거인의 어깨 위에서
탄생했다

$\sqrt{\ }$ 초등학생도 계산할 수 있는 **미적분**

❖ 미분이란? 그리고 적분이란?

수학 교과서 내용 중에서도 어렵기로 가장 악명 높은 부분. 여러분이라면 무어라 답하실 건가요. 아마도 미분과 적분, 그러니까 미적분 아닐까요.

많은 사람들이 수학을 배울 때 특히 미적분을 부담스러워합니다. 저는 수학 선생님으로 살아오면서 "미적분이 너무너무 싫어서 수학 공부를 그만둬 버렸어요"라는 말을 여러 번 들었습니다. 개중에는 친구들이 어렵다, 어렵다 하니까 지레 포기해 버리는 학생도 있었지요. 참 안타까웠습니다.

미적분을 이해하지 못하더라도 어느 정도 미적분 문제를 풀 수는 있습니다. 공식을 이용하면 되지요. 미적분 공식 자체는 누구나 조금만 연습하면 암기할 수 있습니다.

그래서인지 어느 사설 학원은 초등학생도 미적분 문제를 풀게 해준다고 광고하더군요. 하지만 그런 광고는 조심해야 합니다. 초등학생이 공식을 이용해 미적분 문제를 술술 푼다 해서 그 아이가 영재인 것은 아닙니다. 미적분을 이해하는 것도 당연히 아니고요. 그건 그저 계산을 하는 것뿐입니다. 진짜로 미적분을 이해하는 것과 단순히 미적분 문제를 계산하는 것은 거리가 멀어도 한참 멉니다.

오늘날과 같은 개념의 미적분을 인류 역사상 최초로 다룬 사람은 아르키메데스였습니다. 그는 원주율과 원의 면적을 계산했습니다. 또 포물선과 직선으로 둘러싸인 도형의 면적도 계산했습니다. 이것이 미적분의 시발점이었습니다.

미적분을 아주 간략하게 설명한다면 이것입니다.

◆ 미분은 접선의 기울기를 구하는 것이다.

◆ 적분은 면적을 구하는 것이다.

더 깊이 파고들 수도 있지만 일단은 이 정도까지 합시다.

그러니까 접선의 기울기를 알고자 하면 미분의 공식에 수를 대입하면 됩니다. 면적을 알고자 하면 적분의 공식에 수를 대입하면 됩니다.

아르키메데스
Archimedes

(BC287? ~ BC212)

시칠리아 섬의 시라쿠사에서 태어났다. 이집트로 유학해 기하학을 배웠다. 순금으로 제작된 왕관에 은이 섞였는지 알 수 있는 방법을 고민하다가, 액체에 잠긴 물체에 작용하는 부력은 흘러나온 액체의 무게와 같다는 사실을 알아냈다. 지렛대의 반비례 법칙을 발견하고서 '긴 지렛대와 지렛목만 있으면 지구도 움직일 수 있다'고 장담했다. 『구와 원기둥에 대하여』, 『원의 측정에 대하여』 등 많은 저서를 남겼다.

그런가 하면 물리학의 시각에서는 미적분에 대한 설명이 조금 달라집니다. 이렇게 말이지요.

◆ 미분은 물체의 속도를 구하는 것이다.
◆ 적분은 물체의 위치를 구하는 것이다.

어떤가요. 미적분의 쓰임새가 확 느껴지지요. 비록 어렵긴 해도 미적분에 대해 알아보고 싶다는 마음이 들지 않나요.

미적분을 이해하기 위해 반드시 짚고 넘어가야 하는 개념이 있습니다. 바로 '무한'입니다. 무한이라는 것은 곧 한도 끝도 없이 계속 이어진다는 것입니다.

레일 위를 달리는 롤러코스터 롤러코스터는 매 순간 위치, 방향, 속도가 변한다. 롤러코스터의 움직임을 정확히 계산하기 위해서는 미적분이 필요하다.

이쯤 해서 미적분에 대한 설명을 다시 한 번 볼까요. 이번에는 그래프와 함께 말이지요.

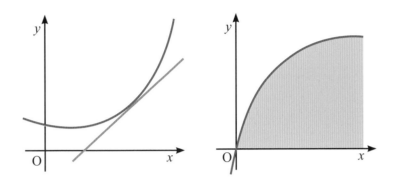

♦ 미분은 접선의 기울기를 구하는 것이다.

♦ 적분은 면적을 구하는 것이다.

그래프를 보고 짐작할 수 있듯이 미분과 적분은 따로 분리된 것이 아니라 거울의 앞뒷면처럼 서로 밀접하게 관련되어 있습니다. 그래서 물리학에서의 설명을 이렇게 연결시킬 수도 있습니다.

♦ 물체의 속도를 적분하면 그 물체의 위치를 알 수 있다.

물리학은 일단 접어 두고 수학에 집중하도록 하겠습니다. 무한을 좀 더 잘 이해하기 위해 아르키메데스가 원의 면적을 구한 과정을 따라가 봅시다.

아르키메데스는 먼저 원에 내접하는 정육각형과 외접하는 정육각
형을 그렸습니다.

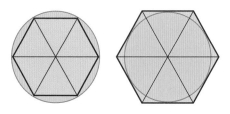

다음에는 원에 내접하는 정십이각형과 외접하는 정십이각형을 그
렸습니다.

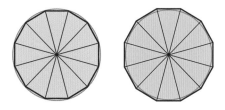

이렇게 계속하면 정다각형은 점점 원과 비슷한 형태가 되고 정다각
형의 면적은 원의 면적에 가까워집니다.

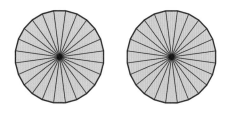

이때 정다각형의 면적은 원의 반지름을 두 변으로 하는 삼각형들의 면적을 합해서 구하면 됩니다.

아르키메데스는 정이십사각형 다음에 정사십팔각형, 그다음에는 정구십육각형까지 면적을 계산했습니다. 그리고 그 계산의 결과로 원의 면적을 구했습니다. 물론 완벽하게 정확한 값이 아니라 근삿값이었지요. 원주율을 구하는 방법도 같았습니다. 면적 대신 다각형의 둘레 길이를 계산해서 원둘레를 구하고 이 값을 원의 지름과 비교하면 되었습니다.

그런데 만약 정구십육각형에서 그치지 않고 무한대로 계속한다면 어떨까요. 원에 내접하거나 외접하는 정n각형이 있을 때 n의 값을 무한대라고 계산하는 것입니다. 이 방법으로 정확한 원의 면적을 찾을 수 있습니다. 이것이 바로 오늘날의 미적분입니다.

하지만 아르키메데스는 그렇게 하지 않았습니다. 그러니까 아르키메데스는 미적분의 선구자이긴 하지만 미적분 그 자체에 도달하지는 못했던 셈입니다. 고대 그리스뿐 아니라 그 이후에도 한참 동안 수학자들은 무한이라는 개념을 피했습니다. 끝이 없다는 것 자체가 두려웠나 봅니다.

√2000년 만에 다시 시작된 **발걸음**

❖ 행성의 운동에 관한 세 가지 법칙

아르키메데스 이후 거의 2000년 가까이 미적분은 정체 상태에 있었습니다. 긴 잠에 빠져 있었다고 해도 과언이 아닙니다. 그러다 르네상스 시기가 되어서야 진전이 일어나기 시작했습니다. 여기서 주목해야 할 사람은 케플러입니다.

케플러는 독일의 천문학자이자 수학자인데요, 아무래도 수학자보다는 천문학자로 훨씬 유명하지요. 수학 교과서보다 물리 교과서에서 더 익숙한 이름입니다.

하지만 케플러는 수학에도 확실한 업적을 남겼습니다. 아르키메데스의 아이디어에서 한 걸음 더 나아가 본격적으로 미적분을 발전시키기 시작한 것입니다.

일단 케플러의 법칙부터 봅시다. 행성의 운동을 설명해 주는 세 가지 법칙입니다.

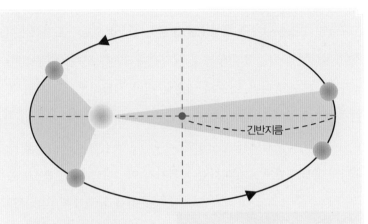

◆ **제1법칙 _ 궤도의 법칙** 행성은 태양을 하나의 초점으로 하는 타원 궤도를 그리며 공전한다.

◆ **제2법칙 _ 면적의 법칙** 행성과 태양을 연결하는 선분이 같은 시간 동안 쓸고 지나가는 면적은 항상 같다.

◆ **제3법칙 _ 주기의 법칙** 행성의 공전주기의 제곱은 궤도의 긴반지름의 세제곱에 비례한다.

이 세 법칙 모두 미적분과 관계가 있는데 특히 제2법칙이 그렇습니다. 좀 더 정확히는 적분과 관계가 있지요. 제2법칙이 성립하는지 확인하기 위해서는 타원에서 곡선과 직선으로 둘러싸인 부채꼴 부분의 면적을 구해야 하니까요.

케플러는 이 계산 방법을 알아내기 위해 고민에 고민을 거듭했습니다. 그런데 지난한 연구 과정보다 케플러를 더 힘들게 한 것은 당시의 시대 상황이었을 겁니다.

케플러의 스승인 천문학자 메스틀린은 공식적으로는 프톨레마이오스의 천동설을 가르쳤지만 몇몇 제자들에게만은 코페르니쿠스의 지동설을 가르쳤습니다. 스승의 영향을 받아 케플러도 지동설을 굳게 믿게 되었습니다. 그런데 케플러는 갈릴레이와 동시대 사람입니다. 갈릴레이가 누구입니까. 천동설을 거부하고 용감하게 지동설을 주장하다가 종교재판까지 끌려갔던 과학자가 아닙니까. 갈릴레이는 온갖 모욕을 당하고 자신의 주장을 부정해야 했습니다. 그만큼 여전히 교회의 영향력이 막강한 시대였습니다. 케플러도 시대 상황을 신경 쓰지 않을 수 없었겠지요.

로마에서 종교재판을 받는 갈릴레이 크리스티아노 반티의 1857년 작품. 갈릴레이는 다시는 이단 행위를 하지 않겠다고 서약해야 했다.

그런 케플러가 한때 목사가 되기를 꿈꾸었다는 사실을 알고 있나요. 처음에 전공으로 삼았던 것도 신학이었습니다. 꽤 의외지만 어쨌든 사실입니다. 하지만 능력을 인정받아 수학과 천문학 교사가 되면서 케플러는 원래의 꿈과 멀어졌지요. 수학이라는 학문을 위해 참 다행한 일이었지 않습니까.

케플러의
생각들

❖ 아르키메데스를 넘어

케플러가 미적분을 발전시키기까지 그의 인생을 좀 더 들여다볼까요. 1593년 대학을 졸업한 케플러는 오스트리아의 도시 그라츠에 있는 대학에서 수학과 천문학을 가르치기 시작했습니다. 그리고 대학 교수로 있으면서 1597년 『우주의 신비』를 냈습니다. 이 책이 계기가 되어 케플러는 덴마크의 천문학자 브라헤와 인연이 닿았고 그의 조수가 되었습니다. 그런데 브라헤는 케플러와 달리 천동설을 믿었습니다. 이것만 보더라도 천동설에서 지동설로 바뀌어 가던 당시의 역사적 흐름을 알 수 있지요.

요하네스 케플러

Johannes Kepler

(1571 ~ 1630)

독일 바일에서 태어났다. 신학을 공부하다가 코페르니쿠스의 지동설에 감동받아 진로를 바꾸었다. 1600년 프라하로 옮겨 브라헤 밑에서 일하기 시작했고 1601년 브라헤가 죽자 후임으로 왕실 수학자가 되었다. 브라헤가 16년에 걸쳐 연구한 화성 자료를 바탕으로 연구를 계속해 행성의 운동에 관한 세 가지 법칙을 발표했다. 케플러의 법칙은 근대 과학의 선구적인 사실로, 훗날 뉴턴이 만유인력을 발견하는 기반이 되었다.

튀코 브라헤 아직 망원경이 발명되기 이전, 브라헤의 관측 자료는 가장 정확한 수준이었다. 그는 자신의 자료를 바탕으로 천동설을 옹호했으나, 정작 그의 자료는 케플러에 의해 지동설을 뒷받침하는 결정적인 근거가 되었다.

당시 브라헤는 프라하에 위치한 천문대에서 행성을 관측하는 데 몰두하고 있었습니다. 오스트리아 황제의 원조를 받는 왕실 수학자의 신분이었으니 연구에만 집중하기에는 꽤나 좋은 환경이었을 것 같네요. 그런데 두 천문학자가 만난 지 겨우 몇 년 만인 1601년 브라헤는 갑작스럽게 세상을 떠나고 맙니다. 브라헤에게는 참으로 안 된 일이지만 이것이 오히려 케플러에게는 기회였습니다. 브라헤가 남긴 방대한 양의 관측 기록은 케플러의 법칙을 세우는 데 중요한 기초 자료가 되었습니다.

케플러는 연이어 굵직굵직한 저작들을 발표했습니다. 1609년 출간된 『신新천문학』에는 케플러의 법칙 중 제1법칙이, 그리고 1618년부터 1621년까지 세 번에 걸쳐 출간된 총 일곱 권짜리 책 『코페르니쿠스 천문학 개요』에는 제2법칙이 소개되어 있었습니다.

아르키메데스가 원의 면적을 어떤 방법으로 구했는지 떠올려 보세요. 원에 거의 가까운 모양의 정다각형을 이용했지요. 하지만 이렇게 해서 구하는 면적은 근삿값이라는 한계가 있습니다. 케플러는 타원에서 부채꼴 부분의 면적을 구하기 위해 아리스토텔레스의 방법을 받아들였지만, 근삿값에서 그치고 싶지는 않았습니다.

케플러가 면적을 계산한 방법은 아르키메데스보다 한층 더 정교했습니다. 그는 부채꼴과 가까운 삼각형, 그러면서도 무한개로 분할하는 삼각형을 가정했습니다. 이 방법으로 케플러가 구한 값은 근삿값을 뛰어넘을 수 있었습니다. 그럼으로써 아르키메데스 이후 미적분의 역사에 중요한 디딤돌을 놓았지요.

❖ 포도주통에서 얻은 힌트

나름 수학 좀 한다 하는 분들, 그리고 앞에서 본 미분과 적분에 대한 각각의 짧은 설명을 정확히 기억하는 분들은 이미 눈치챘을지도 모르겠네요. 제가 미적분이라 뭉뚱그려 말하고는 있지만, 사실 지금까지 제가 한 이야기들은 거의 대부분 미분보다는 적분과 연관되어 있다는 것을요.

네, 이미 미분과 적분이 거울의 앞뒷면과도 같은 관계라는 점도 말씀드리긴 했지요. 수학 용어로 바꾸어 표현하자면 미분과 적분은 역연산 관계입니다. 덧셈과 뺄셈이 역연산 관계이고 곱셈과 나눗셈이 역연산 관계이듯이 말입니다. 당연히 미분 공식과 적분 공식도 서로 통합니다.

하지만 아리스토텔레스는 물론이고 케플러도 이 사실을 몰랐습니다. 접선의 기울기를 구하는 방법과 면적을 구하는 방법이 연결되어 있다니. 지금이야 미적분이 발달해서 보통 사람들도 그런가 보다 하고 여기지만, 미분과 적분이 각자의 길을 가고 있던 그 시대에 이 둘을 직관적으로 연결 짓기는 쉽지 않았겠지요. 미분과 적분의 역연산 관계를 최초로 깨달은 사람은 이탈리아의 수학자 토리첼리입니다.

엄밀히 말하면, 케플러는 적분의 발전에 기여했습니다. 하지만 적분이 결국 미분과 연결되어 있기 때문에, 미적분의 발전에 기여했다고 말해도 과히 틀린 말은 아닐 겁니다.

재미있는 사실 하나를 알려 드릴까요. 케플러의 연구에는 포도주통이 한몫을 했답니다.

포도주통은 정확한 원통형이 아니라 허리 부분이 불룩 튀어나와 있기 마련입니다. 케플러는 포도주통에 와인이 얼마만큼 들어가는지 정확한 부피를 구하고 싶었습니다. 이 연구 결과는 1615년 『포도주통의 신新계량법』이라는 책으로 나왔습

에반젤리스타 토리첼리 갈릴레이의 제자였다. 유속과 기압의 법칙에 대한 '토리첼리의 정리'를 발표했고, 수은기압계를 발표했다. 무한의 개념을 수학에 도입했고, 포물선 일부 구간의 면적을 구하는 방법을 정리했다.

니다. 제목은 좀 가벼워 보여도 이
책은 그 시대 미적분의 기초가 되었
습니다.

케플러가 생각해 낸 방법은 포도
주통이 무한하게 많은 얇은 막들로
이루어져 있다고 가정하고 그것들
의 부피를 합하는 것이었습니다. 역
시나 무한이라는 개념이 중요했다
는 점을 알 수 있습니다. 이렇게 포
도주통의 부피에 대해 고민했기에

포도주통 일반적인 포도주통은 이와
같이 가운데가 불룩하다.

부채꼴 모양의 면적도 구할 수 있었겠지요.

한편, 케플러의 법칙 중 제3법칙은 그가 1619년 출판한『세계의 조
화』에 실려 있습니다. 케플러의 법칙은 지동설이 지지를 얻는 중요한
계기가 되었습니다. 그 바탕에 정확한 수학 지식이 있기에 가능한 일
이었습니다.

√미적분,
세상으로
뻗어 나가다

❖ **인간의 생명을 구하는 미적분**

케플러를 신호탄으로 미적분은 길고길었던 잠에서 깨어나 전진을 시작했습니다. 그리고 마침내 뉴턴과 라이프니츠에 의해 본격적으로 꽃을 피우게 되지요. 이후로도 미적분은 계속 발전하여 오늘날에 이르게 되었습니다.

현대 사회에서 미적분의 쓰임새는 여러분의 상상 이상으로 광범위하답니다. 아마도 미적분이 변화를 다루기 때문이 아닐까 싶습니다. 그전까지의 수학이 정지해 있는 대상을 다루었다면 미적분은 수학으로 하여금 움직이고 있는 대상도 다룰 수 있게 해 주었습니다. 현대 사회는 매일매일 빠르게 변화하다 보니 그만큼 미적분이 쓰이는 분야도 많은 것입니다.

그래서 미적분은 우리 일상과도 관련이 깊습니다. 예를 들어 전염병에 감염된 사람들이 늘어나는 양상을 '속도'로 생각할 수 있습니다. 바람의 세기도 속도입니다. 그래서 미적분을 응용하면 전염병이 확산되는 정도를 측정하거나 날씨를 예보할 수 있습니다. 과거에 사람들은 전염병이나 날씨에 속수무책인 경우가 많았는데, 미적분 덕분에 이제는 그런 일이 한결 줄었습니다.

허리케인의 위성 사진 오늘날의 일기예보는 미적분을 이용해 태풍이나 허리케인, 토네이도 등의 예상 경로를 매우 정확하게 알려 준다.

요즘은 경제에서도 미적분이 중요하게 다루어집니다. 미적분을 이용해서 경기를 예측하기도 하고 적절한 가격을 계산하기도 합니다. 사람들은 경제학 하면 그저 사회과학의 한 종류이겠거니 하는데, 사실 경제학은 수학 지식을 반드시 필요로 하는 학문이지요.

수학을 업으로 하는 사람으로서 저는 수학이 다양하게 활용되는 모습을 보면 뿌듯한 마음이 듭니다. 하지만 가끔은 좀 우려스러운 시선을 보내게 되더군요. 다른 분야에 깊숙이 참여하며 마치 그 분야 전문가처럼 발언하는 수학자들을 볼 때 그렇습니다.

수학이 여러 분야에 도움이 되는 것은 맞지만 그렇다고 어떤 분야 전체를 수학으로 대체할 수는 없습니다. 수학은 큰 힘을 가지고 있지만 분명 한계도 가지고 있습니다.

개인적으로, 수학자는 어디까지나 수학자일 뿐 전염병 전문가도 경제 전문가도 될 수 없다고 생각합니다. 자신의 본분을 지키는 것이 성실한 수학자의 태도입니다. 어느 학문이나 마찬가지겠지만, '내가 사용하는 방법이 곧 전부다'라고 여겨서는 안 되겠지요.

❖ "내가 거인들의 어깨 위에 서 있었기 때문입니다"

자신의 수학적 능력을 과신하는 사람들에게 꼭 전해 주고 싶은 문장 하나가 있습니다. 이 문장을 남긴 주인공은 다름 아닌 뉴턴입니다.

뉴턴은 역사에 남은 많은 수학 천재들 중에서도 몇 손가락 안에 꼽히는 굉장한 천재입니다. 그의 가장 유명한 업적은 만유인력의 법칙을 발견한 것이지요. 나무에서 떨어지는 사과를 보고서 알게 되었다는 일화가 전해지는 바로 그 법칙 말입니다. 하지만 이것은 물리학 쪽의 업적이고요, 수학 쪽의 업적만 따지자면 단연 미적분의 정립이 가장 대표적입니다.

이토록 대단한 위인이지만 뉴턴에게는 약점이 있었습니다. 타인을 배려하지 않은 자기중심적인 사람이었지요. 자신의 의견에 동의하지 않는 동료 학자들에게는 지나치게 공격적으로 대했습니다. 종종 격렬한 다툼으로 번질 정도였습니다. 뉴턴이 인격적으로도 훌륭한 사람이었다고 평가하기는 힘듭니다.

위인전을 통해서만 뉴턴을 알고 있었던 사람들은 이런 면모를 알고 깜짝 놀라더군요. 위인전을 다 믿어서는 안 되는 법입니다.

미적분을 놓고도 뉴턴은 큰 싸움을 벌였습니다. 그 상대는 라이프니츠였습니다. 두 사람은 자신이 최초로 미적분을 정립했다고 주장했습니다. 심지어 뉴턴은 라이프니츠가 자신의 아이디어를 훔쳤다며 고소하기까지 했습니다.

그렇게 "미적분은 내가 발견한 것이오"라고 끝까지 주장했던 뉴턴. 그런 뉴턴조차 이런 말을 합니다.

"내가 다른 사람보다 더 멀리 보았다면 그것은 거인들의 어깨 위에서 있었기 때문입니다."

아이작 뉴턴

Isaac Newton

(1642 ~ 1727)

영국 울즈소프에서 태어났다. 미적분을 정립하고도 발표를 미루다가 먼저 발표한 라이프니츠와 순서를 놓고 논쟁을 벌였다. 물체의 운동과 힘의 관계를 관성, 가속도, 작용 반작용의 법칙과 만유인력에 의해 통일적으로 파악했다.

고트프리트 라이프니츠

Gottfried Wilhelm Leibniz

(1646 ~ 1716)

독일 라이프치히에서 태어났다. 미적분을 독자적으로 정립했다. 당시에는 뉴턴에게 밀렸지만 오늘날에는 공동 창시자로 인정받고 있다. 철학자로서 신을 옹호하고 철학과 종교의 융화를 꾀했다.

흔히들 뉴턴과 라이프니츠가 미적분을 발견했다고 하는데, 역사를 자세히 들여다보면 그들 이전에도 몇몇 수학자들이 미적분의 개념을 생각해 냈습니다. 뉴턴과 라이프니츠의 공은 미적분을 이론적으로 정립하고 수학의 한 분야로 공고히 자리 잡게 한 것입니다.

그나저나, 최초로 미적분을 정립한 공은 뉴턴과 라이프니츠 중 누구에게 있을까요. 답은 둘 다입니다. 참 재미있는 일이 아닙니까. 멀리 떨어져 살고 있었고 서로 의견을 주고받지도 않았던 두 수학자가 같은 시기에 같은 아이디어를 떠올리다니 말이에요.

이것 역시 미적분은 한 명의 천재가 혼자 만들어 낸 것이 아니라는 증거입니다. 특히 케플러부터 뉴턴과 라이프니츠에 이르기까지 당시 세계 최고의 수학자들은 거의 대부분 미적분과 관련되어 있었다고 해도 과언이 아닙니다.

그만큼 미적분에는 남다른 매력이 있는 것이지요. 만약 별 쓸모가 없었다면 미적분이 발전할 수 있었을까요.

통계의 숫자에
속지 않는 법

√ 통계라는
유용한 도구

❖ 현대 사회의 필수품, 통계

요즘 선진국들은 대부분 저출산, 고령화 현상을 겪고 있습니다. 말 그대로 전체 인구 중에서 아이의 수는 줄어들고 노인의 수는 늘어나고 있다는 것인데요, 생각해 보면 이런 현상을 알아낸다는 것 자체가 대단하지 않습니까. 수백, 수천만의 사람들에 대한 자료를 모아야 하니까요.

이렇게 전체 인구 상황을 파악하게 해 주는 것이 인구주택총조사입니다. 워낙 규모가 큰 조사인지라 국가 차원에서 몇 년에 한 번씩 실시하지요. 법적으로 모든 국민은 인구주택총조사에 협조할 의무를 가지고 있습니다.

이 외에도 국가는 각종 대규모 조사를 벌이곤 합니다. 예를 들어 복지 예산을 결정하려면 어떤 부문에 얼마만큼의 비용이 들어가야 하는지, 또 국민이 어떤 종류의 복지 서비스를 원하고 있는지 조사해야 합니다.

그런데 조사만 하고 나면 끝일까요. 조사를 실시하면 그 결과 데이터가 쌓이기 마련인데, 죽 나열된 데이터만 보아서는 이게 무엇을 뜻하는지 알 수 있을 리 없잖아요. 이때 우리에게 꼭 필요한 것은 데이터가 담고 있는 특징을 일목요연하게 정리해서 한눈에 보여 주는 도구입니다.

이 도구가 바로 통계랍니다. 통계를 한마디로 정의 내리자면 어떤 집단에 대해 조사한 결과를 숫자를 가지고 정리한 것이라 할 수 있습니다.

통계는 그냥 숫자만으로 나타내기도 하지만 더욱 보기 편하게 원이나 막대 같은 그림을 동원하기도 하고, 여기에 알록달록 색깔을 칠하기도 합니다. 이것이 우리가 신문과 텔레비전에서 자주 접하곤 하는 그래프이지요.

중고등학교에서 통계는 수학 교과서에 포함되어 있습니다. 하지만 통계의 중요성이 날로 커지다 보니 요즘은 통계학이 하나의 독립된 학문으로서 그 위상을 인정받고 있습니다. 그래서 통계학과가 따로 있는 대학들이 많습니다. 응용통계학과, 정보통계학과라는 이름을 달

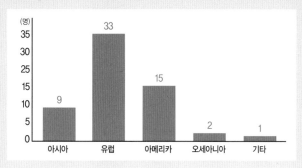

막대 그래프

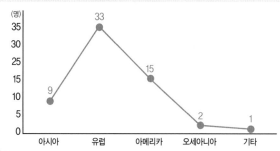

선 그래프

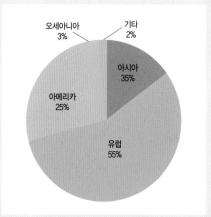

원 그래프

2014년까지 필즈상 수상자들이 속한 대륙의 통계를 나타내는 다양한 형식의 그래프
('기타'는 무국적자였던 수학자 알렉산더 그로텐디크)

고 있기도 하더군요.

처음에 통계는 국가적 데이터를 다루는 것에 한정되어 있었습니다. 애초에 통계의 출발이 국가의 통치와 밀접하게 연관되어 있었기 때문이지요. 세금을 효율적으로 걷고 쓰려면 어떻게 하면 좋을까, 국민의 생활을 안정시키려면 어떻게 하면 좋을까, 이런 문제들을 고민하다 보니 통계가 탄생했습니다.

이 사실은 통계라는 단어 자체에서도 드러납니다. 통계를 뜻하는 영어 단어는 'statistics'입니다. 이 단어는 국가를 뜻하는 영어 단어 'state'와 어원이 같습니다.

이토록 뛰어난 도구를 사람들이 그냥 둘 리 있나요. 통계가 가진 유용함 때문에 다른 여러 분야에서도 통계를 사용하기 시작했습니다. 특히 인류의 유전적 요소를 개량하는 것을 목적으로 하는 우생학에서 통계학을 적극적으로 발전시켰습니다. 현대 통계학의 기초를 세운 사람은 로널드 피셔와 칼 피어슨인데, 이 두 사람의 원래 분야는 우생학이었지요.

칼 피어슨
Karl Pearson
(1857 ~ 1936)

영국 런던에서 태어났다. 수학을 공부하고 수학 교수가 되었으나 우생학과 통계학으로 방향을 돌렸다. 인류의 유전, 결핵 등에 대해 통계적 분석을 진행했다. 1911년 런던 대학에 세계 최초로 통계학과를 설립했다.

로널드 피셔
Ronald Fisher
(1890 ~ 1962)

영국 런던에서 태어났다. 유전학을 공부하고 통계연구실에서 일하다 유전학 교수가 되었다. 한때 칼 피어슨 이론의 모순을 지적해 학계로부터 외면받았으나, 독자적인 연구 성과를 통해 현대 통계학의 기틀을 다졌다.

√ 숫자가
말해 주지 않는
사실들

❖ 숫자는 무조건 맞다?

현대 사회에서 통계는 국가뿐 아니라 기업과 가정에서도 큰 역할을 하고 있습니다. 기업은 통계를 이용해 경영 상태를 파악하고 마케팅 계획을 세웁니다. 또 가정은 통계를 이용해 어디에 어떤 식으로 돈을 지출하는지 파악합니다. 가계부를 쓰는 것도 일종의 통계라고 할 수 있지요. 이제 통계와 우리 생활은 떼려야 뗄 수 없는 관계가 되었다고 해도 과히 틀린 말은 아닌 것 같네요.

통계와 관련된 숫자를 들여다보고 있노라면 '내가 현재 상황을 제대로 이해하고 있구나' 하는 생각이 들지 않나요. 통계는 정확하고 객

관적인 수치라는 느낌을 주지요. 그만큼 우리는 통계를 깊이 신뢰합니다.

그래서 통계는 누군가를 설득할 때 좋은 도구가 됩니다. "통계 결과가 이렇게 나왔잖아요" 하고 내세우면 좀처럼 반론을 할 수 없습니다. 어느 회사의 사장은 "우리는 언제나 통계 수치를 근거로 판단합니다"라고 자부하더군요. 회사를 현명하게 경영하고 있다는 증거라며 말입니다. 그런 분위기에서 반론을 제기하는 직원은 회사를 떠날 수밖에 없겠지요.

하지만 통계를 다루거나 통계 결과를 살펴볼 때는 무척 조심해야 합니다. 통계는 사실을 알려 주지만, 그렇다고 언제나 모든 사실을 알려 주는 것은 아니거든요. 통계만 믿다가 자칫 뒤통수를 맞을 수도 있습니다.

지금 제가 말씀드리는 것은 실수로 계산을 틀리게 하거나 악의를 가지고 일부러 데이터를 조작하는 경우가 아닙니다. 그런 경우도 물론 조심해야 하겠습니다만, 정상적으로 이루어진 통계라도 무작정 믿어서는 안 됩니다.

통계에 속지 않으려면 "지금 이 통계는 어떤 방법을 사용한 것일까" 하는 질문을 던져 보세요. 그러자면 먼저 통계의 여러 방법을 알아 두어야겠지요.

사람이 많이 모여 있을수록 의견을 하나로 모으기가 쉽지 않습니다. 이럴 때 좋은 방법이 한 사람을 대표로 뽑는 것입니다.

통계도 비슷합니다. 데이터가 많으면 많을수록 그 특징을 알기 어려울 수밖에요. 그래서 데이터 전체를 대표해 나타낼 수 있는 어떤 수치가 필요합니다. 이 수치를 '대푯값'이라고 부르지요. 대푯값에는 평균값, 중앙값, 최빈값 등이 있습니다.

이렇게 대푯값에 여러 종류가 있는 것은 대푯값을 정하는 방법이 다양하기 때문입니다. 사람들 사이에서 대표를 정할 때도 가장 나이가 많은 사람을 뽑을 수도 있고, 가장 힘이 센 사람을 뽑을 수도 있고, 또는 투표를 해서 가장 많은 표를 얻은 사람을 뽑을 수도 있듯이 말입니다.

대푯값 중에서 가장 익숙하게 느껴지는 것은 단연 평균값이겠지요. 이름만 보고도 이미 평균값을 어떻게 계산하는지 알아챈 분들도 있을 듯하네요. 그래요, 데이터에서 각 항목이 갖는 값을 모두 합한 다음, 전체 항목의 개수로 나누면 됩니다.

평균값은 확률과도 관계가 깊은 개념입니다. 기왕 말이 나온 김에 확률 이야기도 조금 하겠습니다. 주사위를 예로 들어 보지요.

주사위를 던졌을 때 어떤 숫자가 나올 확률은 어떻게 될까요. 누구나 다 알듯이, 주사위는 정육면체 형태이고 1부터 6까지의 숫자가 하나씩 적혀 있습니다. 따라서 각각의 숫자는 $\frac{1}{6}$의 확률로 나오게 됩니다. 이것을 표로 나타내 보겠습니다.

확률변수	1	2	3	4	5	6
확률	$\frac{1}{6}$	$\frac{1}{6}$	$\frac{1}{6}$	$\frac{1}{6}$	$\frac{1}{6}$	$\frac{1}{6}$

확률이란 어떤 일이 일어날 가능성을 뜻하지요. 참 쉽군요.

그런데 위의 표에 확률변수라는 말이 있네요. 확률변수란 어떤 변수가 취할 수 있는 모든 값에 각각 대응하는 확률이 있을 때, 이 변수를 가리키는 말입니다. 이번에는 어렵군요. 또다시 예를 들어야겠습니다.

동전을 한 번 던졌을 때 앞면이 나올 확률을 구한다고 합시다. 이 문제에서 확률변수는 두 개입니다. 1과 0이지요. 앞면이 한 번 나오거나 전혀 안 나오거나 할 테니까요. 이번에는 복권에서 어떤 금액이 당첨될 확률을 구한다고 합시다. 이 문제에서 확률변수는 그 복권에 할당되어 있는 당첨 금액과 0입니다. 복권이 꽝이면 전혀 돈을 받지 못하게 되니 0도 있는 것이지요.

각각의 확률변수와 확률이 대응하는 관계를 확률분포라고 합니다. 더 어렵나요. 그런데 확률분포는 이미 예를 들었습니다. 위의 표가 곧 확률분포랍니다. 물론 꼭 표의 형식이어야 하는 것은 아닙니다. 수식이나 그래프가 될 수도 있습니다.

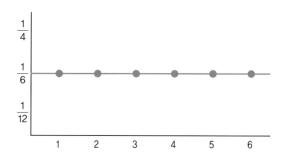

확률분포를 보면 평균값을 구할 수 있습니다. 확률에서 평균값이란 각각의 확률변수에 확률을 곱한 값을 모두 합한 것입니다. 기댓값이라 부르기도 합니다. 이건 또 무슨 소리인가 싶으시지요. 식을 보면 금방 이해가 될 겁니다. 주사위의 예에서 평균값은 이렇게 계산됩니다.

$$1 \times \frac{1}{6} + 2 \times \frac{1}{6} + 3 \times \frac{1}{6} + 4 \times \frac{1}{6} + 5 \times \frac{1}{6} + 6 \times \frac{1}{6} = 3.5$$

익숙하지 않은 수학 용어가 나오면 어렵다고 질색하는 분들이 있습니다. 낯을 가린다고나 할까요. 이해는 됩니다. 하지만 너무 겁먹지는 마세요. 어려운 용어라도 일단 익숙해지기만 하면 부담스럽게 느껴지지 않습니다.

생각보다 확률 이야기가 조금 길어진 감이 있군요. 이번에는 통계에서 평균값에 대한 예를 들어 보겠습니다. 어떤 초등학생으로부터 "우리 반 아이들 몸무게의 평균을 구해 주세요"라는 부탁을 받았다고 칩시다.

이미 초등학교 때 이런 문제를 풀어 본 분들도 많을 겁니다. 그만큼 쉬운 것이지요. 아이들의 몸무게를 모두 더한 다음 아이들 수대로 나누면 됩니다.

물론 쉽기는 해도 다소 번거로울 겁니다. 만약 아이들이 모두 30명이라면 그 30명의 몸무게를 일일이 더해야 하니까요. 그만큼 식도 길어질 거고요. 그래도 어쨌든 방법 자체는 쉽습니다.

$$\frac{35.2 + 46.8 + \cdots + 32.4}{30}$$

자, 여러분은 이 초등학생에게 자신 있게 답을 말해 줄 수 있습니다. 사소한 계산 실수만 하지 않았다면 말입니다.

그런데 알고 보면 이 문제는 일종의 확률로 이해할 수도 있답니다. 30으로 나누는 것이 아니라 $\frac{1}{30}$이라는 확률을 곱한다고 보는 것이지요. 따라서 위의 식을 다음과 같이 바꾸는 것도 가능합니다. 당연히 식의 결과는 똑같습니다.

$$35.2 \times \frac{1}{30} + 46.8 \times \frac{1}{30} + \cdots + 32.4 \times \frac{1}{30}$$

그러니까 각각의 몸무게는 $\frac{1}{30}$의 확률을 가지는 셈입니다. 아이들의 몸무게 중에서 무작위로 하나를 고르면 35.2킬로그램이 나올 확률이 $\frac{1}{30}$이라는 뜻입니다.

이때 아이들 몸무게가 모두 조금씩 달라서 서로 몸무게가 일치하는 경우는 없다는 가정이 전제되어야겠지요. 만약 똑같은 몸무게를 가진 아이들이 있다면 그 몸무게가 갖는 확률이 커지거든요.

물론 일반적으로 평균값을 구할 때는 확률까지 따지지 않고 그냥 첫 번째 방법을 이용합니다. 그게 더 간편하니까요. 앞의 두 식을 비교해 보아도 첫 번째 것이 눈에 더 확 들어오지요.

남녀별 평균 키를 구하는 것도, 연령대별 소득을 구하는 것도, 학급당 학생 수를 구하는 것도 다 같은 원리입니다. 이렇게 평균값은 우리에게 가장 익숙하고 또 널리 쓰이는 대푯값입니다. 하지만 평균값이라고 완벽하지는 않습니다. 그래서 때에 따라 다른 종류의 대푯값이 필요합니다. 이제 중앙값과 최빈값에 대해 알아볼 차례입니다.

※ 또 다른 해석 ─ 중앙값과 최빈값

아시아 사람들은 쌀을 주식으로 합니다. 그래서 쌀 생산량을 파악하는 것이 중요한 일입니다. 일본 동북부 지역에 위치한 여섯 개의 현에서 2001년 쌀 생산량이 얼마나 되는지, 또 그해 일본 전체의 쌀 생산량에서 차지하는 비율은 얼마나 되는지 봅시다. 최신 자료를 가져올 수도 있고, 다른 지역이나 나라를 선택할 수도 있지만 그런 건 지금 중요하지 않습니다. 그저 예를 들고자 하는 것뿐이니까요.

	톤	퍼센트
아오모리	301,100	3.4
아키타	529,300	5.8
이와테	321,000	3.5
야마가타	425,500	4.7
미야기	428,300	4.7
후쿠시마	445,300	4.7

데이터에서 한가운데에 있는 값, 그것이 중앙값입니다. 그런데 이때 데이터가 무작위로 나열되어 있으면 안 됩니다. 표준값을 구할 때는 그래도 상관없습니다만, 중앙값은 데이터가 특정한 기준에 따라 순서대로 나열되어 있어야 구할 수 있습니다.

위의 표를 살펴봅시다. 북쪽부터 남쪽까지, 지리적 위치 순서에 따라 데이터가 나열되어 있습니다. 만약 이 상태에서 중앙값을 구한다면 쌀 생산량과는 관계없는 결과가 나올 수밖에 없습니다.

쌀 생산량이 적은 순서대로 데이터를 나열한다면 어떻게 될까요. 위에서 세 번째에는 야마가타 현, 아래에서 세 번째에는 미야기 현이 있게 될 겁니다. 데이터가 홀수라면 중앙에 반드시 하나의 값만 있겠지만, 이렇게 데이터가 짝수인 경우에는 두 개의 값이 있지요. 이럴 때는 두 값의 평균값을 구하면 됩니다.

야마가타 현과 미야기 현의 쌀 생산량을 합하고 2로 나누어 보겠습니다.

$$\frac{425500 + 428300}{2} = 426900$$

중앙값은 표준값보다 계산이 더 간편합니다. 더구나 데이터의 수가 적고 홀수라면 계산이 아예 필요 없지요. 가운데에 있는 숫자를 고르기만 하면 되니까요.

하지만 간편하다고 아무 때나 막 써서는 안 됩니다. 중앙값에는 단점이 있거든요.

다음 표를 볼까요. 제가 임의로 만든, 별 의미 없는 데이터니까 숫자 자체에만 주목해 주세요.

A	3	6	8	8	8
B	8	8	8	11	11

A에서도 B에서도 중앙값은 똑같이 8입니다. 하지만 데이터를 좀 더 자세히 들여다보면 A와 B가 사뭇 다르다는 사실을 알 수 있습니다. A에서는 중앙값 8이 가장 큰 값인 반면에 B에서는 중앙값 8이 가

장 적은 값입니다. 데이터를 살펴보지 않고 중앙값만 보아서는 알 수 없는 사실입니다.

이렇듯 중앙값은 데이터의 다양한 값을 낭비하는 경향이 있습니다. 기껏 고생해서 데이터를 모으고서도 중앙에 있는 값을 제외한 나머지 여러 값이 갖는 특징을 무시하고 넘어갈 수도 있는 것입니다.

다음으로는 최빈값에 대해 알아봅시다. 표준값, 중앙값은 이름만 보아도 대충 이해가 되는데 최빈값은 무얼까 싶으시지요. 최빈값이란 가장 빈번하게 나오는 값을 의미합니다.

앞에서 본 여섯 개 지역의 쌀 생산량 데이터를 다시 한 번 보세요. 이번에는 전체 생산량에서 차지하는 비율을 예로 들겠습니다.

여섯 개의 값 중에서 4.7이 두 번으로 가장 자주 나오네요. 다른 값은 한 번씩만 나오고요. 따라서 이 데이터에서 최빈값은 4.7입니다.

최빈값은 평균값과 중앙값과는 성질이 약간 다릅니다. 평균값과 중앙값이 그 데이터에서 가장 균형을 이루는 지점을 찾아 대푯값으로 내세우는 것이라면 최빈값은 가장 대세를 이루는 지점을 찾는 것이라고나 할까요.

당연히 최빈값에도 단점이 있습니다. 이 표를 보세요.

6	6	6	7	11	20	34

이 데이터에서 6은 세 개가 있고 나머지 값은 한 개씩 있네요. 따라서 최빈값은 6이 됩니다.

그렇다고 최빈값 6을 이 데이터의 대푯값이라 말하기는 좀 찜찜하지요. 다른 값이 모두 최빈값보다 클뿐더러, 차이가 꽤 나는 값도 있으니까요. 중앙값과 마찬가지로 최빈값도 자칫 다른 여러 값의 특징을 놓쳐 버릴 수 있습니다.

최빈값에 대해 살펴보다 보니 혹시 이게 떠오르지 않나요. 다수결 말입니다.

다수결은 민주주의의 기본 원칙 중 하나입니다. 선거를 했을 때 가장 많은 유권자의 표를 받은 후보자가 당선이 됩니다. 이것을 통계로 이해한다면 최빈값을 기준으로 대표를 뽑는 것입니다.

그래서 최빈값의 단점은 선거에서도 그대로 나타납니다. 가장 많은 표를 얻었다 하더라도 실제 표 수가 과반에도 턱없이 모자라다면 과연 그 후보자가 대표로서 진정 적합하다고 할 수 있을까요. 사표가 지나치게 많을 때 그 선거는 유권자들의 의사를 제대로 반영했다고 말하기 힘듭니다.

중앙값과 최빈값이 비슷한 단점을 가지고 있으니 역시 평균값이 대푯값으로서 가장 무난한 것처럼 느껴지나요. 그런데 그게 또 그렇지가 않습니다.

다음의 표는 두 반의 수학 점수를 모아 놓은 데이터입니다.

A반	50	50	50	50	50	100
B반	59	59	59	59	59	59

평균값을 구해 보면 A반은 약 58점, B반은 59점입니다. 거의 같네요. 평균값을 보면 양쪽 학생들의 수준이 엇비슷한 것 같습니다.

하지만 실제로 B반 학생들은 대부분의 A반 학생들보다 점수가 높습니다. 오직 한 명, 100점 만점을 받은 학생에게만 뒤질 뿐이지요. 이 학생이 A반 전체의 평균값을 끌어올린 것입니다.

이것이 평균값의 단점입니다. 유달리 차이가 나는 값이 한두 개만 들어 있어도 결과를 왜곡시킬 수 있습니다.

이제 여러 가지 대푯값이 존재하는 이유가 이해되나요. 평균값, 중앙값, 최빈값 모두 저마다 단점을 가지고 있기 때문에 상황에 따라 적절히 이용해야 합니다.

일부의 값이 대푯값에 큰 영향을 미치는 경우는 현실에서 생각보다 자주 있습니다. 얼마 전에 신문을 보니 일본의 가구당 연간 저축액이 1300만에서 1400만 엔 정도라고 하더군요.

그렇게 큰돈을 저축하다니. 저와는 거리가 먼 이야기네요. 여러분은 어떻습니까. '어림도 없지' 하고 생각하는 분이 대부분이겠지요. 그럴 수밖에요. 상위 5퍼센트의 부자들이 평균값을 끌어올린 결과거든요. 그 사람들의 저축액은 상상을 초월할걸요.

평균값 대신 중앙값을 구하면 어떻게 될까요. 300만 엔에서 400만 엔으로 결과가 달라집니다. 이제 고개를 끄덕끄덕하는 분들이 꽤 있을 것 같네요.

하지만 여전히 "나는 그것도 힘들다고요"라고 불만스러워하는 분들이 많을 겁니다. 왜냐하면 일본의 가구당 연간 저축액에서 최빈값은 0이거든요. 무려 20퍼센트의 가정에서 돈을 한 푼도 저축하지 못하고 있다고 합니다. 최빈값을 보니 요즘 경제가 안 좋다는 사실이 느껴집니다. 만약 평균값과 중앙값만 구했다면 이런 실상을 알지 못했겠지요.

저는 통계를 볼 때는 조심해야 한다고 누누이 강조하곤 합니다. 자신의 주장을 내세우기 위해 유리한 대푯값만 내세우는 사람들이 있습니다. 심지어 때로는 정부도 그런답니다. 무조건 거짓말이라고 할 수는 없지만 그렇다고 진실이라고 할 수도 없습니다.

그래서 우리는 통계의 원리를 알아 두어야 하는 것입니다. 통계 결과를 무턱대고 신뢰하지 말고 어떤 기준으로 어떤 과정을 거쳐 나왔는지 살펴야 합니다. 그런 노력이 있어야 데이터가 가진 진실에 다가갈 수 있습니다.

√ 통계로 미래를
알 수 있을까?

❖ 수학으로 인구를 예측하다

인구 이야기를 다시 꺼내 볼까요. 저출산 현상이 심각해서 이대로 가다가는 나라 인구가 줄어들게 될 거라고 걱정하는 뉴스가 자주 나오더군요.

인구가 줄어든다는 것. 분명 문제는 문제입니다. 경제가 잘 돌아가기 위해서는 어느 정도 내수가 받쳐 주어야 하는데 인구가 너무 적으면 그럴 수가 없으니까요.

하지만 개인적으로 저는 그렇게까지 심각한 문제는 아니라고 생각합니다. 이제 인구가 국력인 시대는 지나가고 있기 때문입니다. 양보

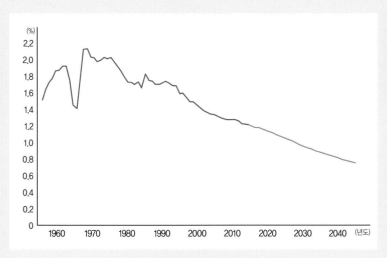

전 세계 인구 증가율 (2010년 이후는 예상 수치)

각국 인구 증가율

최근 들어 인구 증가율은 국가별로 조금씩 차이가 있긴 하지만 전 세계적으로 계속해서 낮아지고 있다. 미래에도 인구 증가율은 더욱 낮아질 것으로 예측된다.

다 질인 시대로 바뀌고 있습니다. 물론 단순 노동이 대부분인 개발도상국에서는 여전히 인구가 국력일 수 있겠지만 말입니다.

제가 이 자리에서 인구 문제에 대해 심오한 이야기를 하려는 것은 아닙니다. 그런 일은 그쪽 전문가가 해야지요. 다만 제가 수학자로서 말하고자 하는 점은 이것입니다. 바로 인구 문제를 고민하고 연구할 때도 수학이 큰 역할을 한다는 사실입니다.

'수학 모델'이라는 말을 들어 보셨나요. 늘씬한 패션모델과는 아무런 관계도 없습니다. 수학 모델이란 현실 사회의 어떤 현상이나 문제를 수학의 방식으로 나타낸 것입니다. 수식이 될 수도 있고 좌표가 될 수도 있습니다.

수학 모델은 현재를 바탕으로 미래를 예측할 때도 이용됩니다. 이럴 때 그 수학 모델이 맞는지 틀리는지는 일반적인 수학 문제처럼 금방 알 수 없습니다. 실제로 미래가 되어야 알 수 있지요. 가까운 미래에는 맞더라도 먼 미래에는 틀리거나, 그 반대가 될 수도 있고요.

인구 문제를 다룰 때도 수학 모델이 자주 등장합니다. 인구에 대한 수학 모델은 꽤 오랜 역사를 가지고 있답니다.

❖ 맬서스의 빗나간 예언

영국의 경제학자 토머스 맬서스는 미적분을 정립한 뉴턴이 세상을 떠난 지 약 40년 후에 태어났습니다. 이 점을 왜 군이 말씀드리느냐 하면, 맬서스는 미래의 인구를 예측하는 유명한 수학 모델을 만들었는데 여기에 미분방정식이 응용되었거든요. 이 수학 모델은 맬서스의 책『인구론』에 소개되어 있습니다.

맬서스는 이 책에 "인구는 기하급수적으로 늘어난다"라고 썼습니다. 인구가 늘어나는 속도 자체가 점점 빨라진다는 뜻입니다.

또한 맬서스는 "식량은 산술급수적으로 늘어난다. 그러므로 미래에는 식량의 양이 인구에 비해 모자라게 되고 식량 위기가 닥치게 된다"라고 썼습니다. 식량은 인구와 달리 일정한 속도로 늘어나기에, 기하급수적으로 늘어나는 인구를 감당할 수 없게 된다는 것입니다.

여러분은 일정한 속도로 달리는데, 옆에서 친구는 점점 더 빠른 속도로 달린다고 상상해 보세요. 처음에는 여러분이 조금 앞서 달린다 해도 곧 친구에게 따라잡히겠지요.

요즘에는 맬서스의 모델을 그래프로 나타내는 경우가 많습니다. 그 편이 글로만 보는 것보다 훨씬 이해가

AN

ESSAY

ON THE

PRINCIPLE OF POPULATION,

AS IT AFFECTS

THE FUTURE IMPROVEMENT OF SOCIETY.

WITH REMARKS

ON THE SPECULATIONS OF MR. GODWIN,

M. CONDORCET,

AND OTHER WRITERS.

LONDON:

PRINTED FOR J. JOHNSON, IN ST. PAUL's
CHURCH-YARD.

1798.

『인구론』 초판 이 책은 출간되자마자 논란을 일으키며 베스트셀러가 되었다.

토머스 맬서스
Thomas Robert Malthus

(1766 ~ 1834)

영국 서리에서 태어났다. 수학, 라틴어, 그리스어 등 다양한 분야를 공부하고 목사로 일하던 중 1798년 『인구론』을 집필했다. 그전까지 인구 증가를 낙관적으로 바라보던 시각을 비판하고 인구 억제의 필요성을 주장했다. 그 후 경제학교수가 되었고 『인구론』에 근거 자료를 추가하여 여러 번 개정판을 냈다. 그의 이론은 진화론에도 영향을 미쳤으며, 1801년 영국 최초로 근대적 인구조사가 실시되는 계기가 되었다.

잘되거든요.

당시 맬서스의 주장은 큰 파장을 불러일으켰습니다. 수학 모델을 바탕으로 하고 있어 그만큼 정확성이 높아 보였기 때문이 아닐까 싶습니다.

하지만 오늘날의 상황은 어떤가요. 맬서스의 예측은 빗나갔습니다. 식량 위기는 일어나지 않았지요. 인류는 충분한 양의 식량을 생산하고 있습니다.

맬서스는 자신이 세운 수식을 정확히 계산했습니다. 문제는 그가 사회와 기술의 발달을 과소평가했다는 것입니다.

그렇다고 맬서스를 폄훼하지는 맙시다. 인구 문제를 해결하기 위해 수학 모델을 동원한 시도 그 자체에 의의가 있습니다.

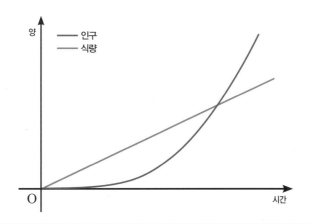

그래프로 보는 멜서스 모델 맬서스에 따르면 인구는 처음에는 천천히 늘어나다가 점점 성장률이 가팔라져 식량 생산량을 추월하게 된다.

요즘도 이러한 시도는 계속되고 있습니다. 하지만 맬서스의 수학 모델처럼 단순하지는 않습니다. 가임기 여성의 인구, 결혼 후 첫 아이를 낳기까지 걸리는 시간, 의료의 발달에 따른 노인 인구의 증가 등등 따져야 할 것이 많습니다.

그래서 정확한 통계가 필수적인 것입니다. 통계는 미래를 알기 위한 중요한 도구입니다.

통계는 참 까다롭지요. 앞에서는 비교적 간단한 것만 말씀드렸습니다만, 좀 더 깊이 들어가 보면 평균값도 여러 종류가 있고 계산도 복잡해집니다. 통계에서는 확률도 다룰 줄 알아야 하는데 이것 역시 만만한 일이 아니고요.

그래서 통계를 배울 때 '이해가 안 돼' 하고 좌절하는 학생들을 종종 보게 됩니다. 아예 대놓고 "통계를 꼭 알아야 하나요"라고 말하는 학생들도 있었습니다.

통계를 알아야 하는 이유는 이미 말씀드렸지요. 통계는 우리 일상에서 엄청나게 많이 사용되고 있습니다. 계산이 좀 어렵다는 것은 저도 인정합니다. 하지만 원리 그 자체를 이해하는 것은 누구나 가능합니다. '나라고 이해 못 할 거 없잖아' 하는 마음이 중요합니다. 그런 마음이 세상을 보는 시야를 넓혀 주고 새로운 아이디어를 떠오르게 합니다. 물론 노력 없이 의욕만 가득하다면 안 될 일이지만 말입니다.

수학의 논리는
따로 있다

√ 집합을
정의한다는 것

※ 수학은 얼마나 정확한 학문일까?

이번에는 집합에 대해 다루어 보려 합니다. 수학에서 집합은 중요합니다. 자연수, 정수, 삼각형 등 많은 수학 용어가 일종의 집합인 셈이거든요.

삼각형을 예로 들지요. 삼각형은 꼭짓점이 세 개이고 그 꼭짓점을 선분으로 이은 도형입니다. 현대의 기하학에서 삼각형을 정의할 때는 더 복잡한 말들을 동원해야 하지만, 보통 학생들이 보는 수학 교과서의 수준에서는 이 정도면 충분합니다.

이러한 조건을 충족시키는 도형이 삼각형이라는 것, 이는 곧 '삼각형의 조건을 충족시키는 도형을 모아 놓은 것이 삼각형의 집합이다'라고 표현할 수 있습니다. 이 집합에 속해 있지 않은 도형은 결코 삼각형이라고 할 수 없습니다.

우리가 일상생활에서 삼각형에 대해 이야기할 때는 기준이 느슨해집니다. 한쪽 선이 찌그러져 있더라도 그냥 삼각형이라고 말하곤 합니다. 타악기인 트라이앵글은 한쪽 꼭짓점이 열려 있지만 그래도 삼각형이라 여겨집니다.

평소에는 아무래도 상관없습니다. 정확한 삼각형이 아니라고 문제 제기를 하는 사람도 없고요. 일상적으로 말을 하거나 글을 쓸 때까지 엄격한 기준을 적용해야 한다면 삶이 팍팍해지지 않겠습니까.

하지만 수학에서는 다릅니다. 엄격하고 또 엄격해야 합니다. 다시 말해, 어떤 집합에 대한 정의를 엄밀하게 내려야 합니다. 그래서 일상생활에서의 표현과 수학에서의 표현은 상당히 다른 경우가 많습니다.

저의 학창 시절, 수학 선생님은 곧잘 "그건 문학적인 표현이란다" 하고 지적하셨습니다. "수학에서 그런 표현은 적절하지 않으니 쓰지 마라" 하는 말씀을 그렇게 돌려서 하신 것이지요.

집합이라는 개념을 처음 만들어 낸 사람은 독일의 수학자 칸토어입니다. 칸토어는 무한을 정확하게 정의 내리기 위해 고민하다가 집합을 떠올리게 되었습니다. 무한에 대해서는 조금 후에 다룰 거니까 기다려 주세요.

집합은 특정한 조건을 충족하는 대상들의 모임이라고 정의할 수 있

게오르크 칸토어

Georg Cantor

(1845 ~ 1918)

러시아 상트페테르부르크에서 태어났다. 어린 시절 독일로 이주해 성장했다. 대학에서 수학, 철학, 물리학을 공부하고 가우스가 남긴 정수론 문제를 해결해 박사 학위를 받았다. 1878년 집합의 기수 개념을 도입하고 그 후로 몇 년에 걸쳐 집합을 체계화해 1883년 논문을 발표했다. 집합에 대한 그의 연구는 당시에는 기존 수학자들로부터 호응을 얻지 못했으나, 현대 수학의 바탕을 이루었다.

습니다. 집합에 속하는 대상들을 그 집합의 원소라고 합니다. 보통 수학 교과서에서는 이 정도로 집합을 설명합니다.

그런데 칸토어가 정한 집합의 정의 자체에도 모순이 있는 것으로 드러났습니다. 칸토어 자신도 눈치챘고, 다른 수학자들도 알아냈습니다. 그 모순에 대해서는 우선 집합에 대해 더 이야기한 다음에 말씀드리지요.

수학자들이 가장 질색하는 것은 무엇일까요. 아마도 역설일걸요. 패러독스라고도 하지요. 역설이란 논리적 모순을 안고 있어서 '참'이라고도 '거짓'이라고도 할 수 없는 경우를 의미합니다. 수학에서는 있어서는 안 되는 경우입니다. 모순이 있는 개념은 수학에서 인정받지 못합니다.

이 때문에 집합은 엄격하게 다시 정의되었습니다. 하지만 우리가 평소에 수학이나 다른 자연과학, 사회과학을 다룰 때는 방금 말씀드린 집합의 정의만 알아도 전혀 문제없습니다.

그런데 사실, 집합을 둘러싼 논쟁은 여전히 수학자들 사이에서 진행되고 있답니다. 사람들은 수학이 정확한 학문이라 생각하지만 알고 보면 수학은 꽤 불안정한 토대 위에 놓여 있는 것이지요.

√ 진짜 집합을
찾아라

❖ 집합인 것, 집합이 아닌 것

다양한 집합을 보며 집합의 정의에 대해 생각해 볼까요. 단, 지금은 수학 교과서 수준의 정의까지만 다루려고 합니다. 엄격한 정의를 꼭 알고 싶다는 분들은 수학자가 될 자질이 있으니 두꺼운 수학 전공 서적에 도전해 보시길 바랍니다.

물론 수학 교과서 수준의 정의라고 대충 넘겨도 된다는 것은 아닙니다. 주의를 기울이지 않으면 은근히 헷갈리거든요. 자, 다음에 나와 있는 여러 가지 집합을 보세요.

① 키가 큰 사람의 집합

② 1보다 큰 실수의 집합

③ 작은 수의 집합

④ 2의 배수인 자연수의 집합

⑤ 음수의 집합

이 중에서 수학이 인정하는 집합은 어떤 것일까요. 하나하나 들여다봅시다.

① 키가 큰 사람이라. 그런데 키가 크다는 기준은 사람마다 다르지 않습니까. 반에서 가장 키가 큰 학생이라도 프로 농구 선수들 사이에서는 키가 가장 작을 수 있지요. 그러므로 이것은 집합이 아닙니다.

② 1보다 큰 실수라는 기준이 제시되어 있군요. 실수란 유리수와 무리수를 아우르지요. '1보다 큰'이라고 하니 1과 그 미만의 실수는 제외해야겠네요. 정확한 조건이 붙어 있으므로 이것은 집합입니다.

③ 그냥 작은 수라고 하면 어떡하나요. 사람에 따라서 작다고 느끼는 정도가 다른걸요. 그러므로 이것은 집합이 아닙니다.

④ 2의 배수인 자연수라. 다른 말로 하면 짝수로군요. 역시 정확한 조건이므로 이것은 집합입니다.

⑤ 좀 애매하네요. 음수에도 정수, 유리수, 무리수, 소수 등 여러 가지가 있습니다. 어떤 음수를 의미하는 것인지 확실하다면 집합이 될 텐데요. 또는 아예 모든 음수라고 하거나 말입니다.

마지막의 경우에는 논란이 있을 수 있겠습니다. 음수라는 조건 자체가 모든 음수를 의미하는 것이라 생각하는 분들은 집합이라 여기겠지요. 애초에 이런 논란이 없도록 수학에서는 최대한 정확한 표현을 쓰는 게 좋습니다.

그렇다면 ①의 조건을 좀 더 정확하게 바꾸어 보면 어떨까요. 예를 들어, '키가 170센티미터 이상인 사람들의 집합'이라고 바꾸는 것이지요. 그러면 집합이라고 할 수 있을까요, 없을까요.

사실 이에 대한 대답도 갈립니다. 170센티미터 이상이라는 조건 자체가 정확하므로 집합이 된다고 할 수도 있습니다. 하지만 저는 여전히 집합이 아니라고 생각하는 쪽입니다.

이유는 이렇습니다. 키가 큰 사람이든, 170센티미터 이상의 사람이든 어차피 수학에서 다루는 대상은 아닙니다. 그냥 일상생활에서는 집합이 될 수 있지만 수학에서는 아닙니다.

물론 집합이 된다고 하는 수학 선생님이나 수학책도 있을 겁니다. 다시 한 번, 수학의 토대가 생각보다 불안정하다는 것이 느껴지지 않습니까.

√ 수학은 언제나 논리적이라는 **착각**

❖ 수학에도 상상력이 필요하다

세상에는 참으로 다양한 학문이 있는데요, 크게 이과 쪽 학문과 문과 쪽 학문으로 나뉩니다. 사람들은 이과 쪽 학문이 문과 쪽 학문보다 더 논리적이고, 특히 수학이 그러하다고 여깁니다. 그리고 문과 쪽 학문 안에서도 경제학처럼 수학을 자주 이용하는 학문이 그러지 않는 학문보다 더 논리적이라 여기고요.

한 사람의 수학자로서 저는 이런 인식이 뿌듯하다기보다는 다소 멋쩍습니다. 수학은 논리적이긴 하지만 경우에 따라서는 논리만으로는 되지 않을 때도 있거든요.

수학의 여러 분야 중에서도 특히 집합은 논리를 중요시합니다. 집합의 정의 자체가 어떠한 모순도 없이 명확해야 하니 그럴 수밖에요.

칸토어가 집합을 주창하면서 수학에서는 수학기초론이라는 분야가 발전하게 되었습니다. 말 그대로 수학의 기초를 엄밀히 다지기 위한 목적으로, 수학의 논리적 구조를 연구하는 분야입니다. 수학에 대해 근본적 물음을 던진다고나 할까요. 그래서 수학기초론은 논리학이나 철학과도 연결됩니다.

물론 너무 깊이 들어갈 것 없이 수학 교과서 수준의 논리만 알아도 되지 않느냐고 생각할 수도 있습니다. 일상생활에서 보통 사람들이 수학기초론까지 다룰 일은 없을 테지요.

"수학을 공부하면 논리적 사고에 익숙해진다. 논리적 사고를 하기 위해서는 수학을 꼭 알아야 한다"라고 말하는 사람들을 자주 보았습니다. 수학 선생님들 중에도 이런 말로 학생들의 의욕을 북돋우려는 분들이 있습니다.

수학의 논리적인 면을 알 수 있는 간단한 예를 하나 볼까요.

$$2x+1=x+3 \text{ 이면}$$
$$x=2$$

위의 수식으로부터 아래의 수식을 이끌어 낼 수 있습니다. 반대로 아래의 수식을 가지고 위의 수식을 만들어 낼 수도 있습니다.

이것은 이 둘이 서로 논리적 관계이기 때문입니다. 그래서 수학 문제를 풀 때는 논리적 과정을 거쳐야 합니다.

그렇다면 수학에서 논리만으로는 되지 않는 부분은 무엇일까요. 대표적인 예가 기하학입니다.

기학학에서는 도형의 어떤 성질을 증명하라는 문제가 종종 나옵니다. 언뜻 생각하면 역시 논리적 과정을 필요로 하는 것 같지만, 과연 그럴까요.

우리가 평소에 무언가를 논리적으로 증명하고자 할 때 흔히 사용하는 방법이 삼단논법입니다. 두 개의 전제로부터 하나의 결론을 도출해 내는 추리법이지요. 삼단논법에도 여러 가지가 있는데, 가장 전형적인 예를 꼽자면 이런 것입니다.

> 모든 동물은 죽는다.
>
> 모든 인간은 동물이다.
>
> 그러므로 모든 인간은 죽는다.

맨 위의 문장이 대전제, 두 번째 문장이 소전제, 그리고 맨 마지막 문장이 결론이 됩니다.

코미디언들은 삼단논법을 비틀어서 관객들을 웃기기도 합니다. 엉뚱한 전제를 가지고 결론도 참이라고 우긴다든지 하는 식으로요. 하지만 그런 건 코미디에서나 통하는 것이고, 삼단논법에서 두 전제가 참이라면 결론도 당연히 참이 됩니다.

그런데 삼단논법이 기하학에서는 그리 큰 힘을 발휘하지 못합니다. 예를 들어 어떤 두 선분이 평행하다는 것을 증명해야 하는 문제가 있다고 칩시다. 어떻게 하시겠습니까. 삼단논법으로 설명이 되나요. 시도할수록 말이 꼬이기만 할걸요.

이 문제를 풀기 위해 필요한 것은 삼단논법이나 어떤 논리적 사고가 아닙니다. 오히려 상상력을 동원해야 합니다. 바로 보조선을 긋는 것입니다. 원래 도형에는 없는 직선을 추가하는 것 말입니다.

저는 보조선이 생활의 지혜와 닮았다고 생각합니다. 살아가다 보면 누구나 자기 나름대로 생활의 지혜가 쌓이듯이, 보조선도 마찬가지입니다.

√ 보조선은
생활의 지혜

◈ 경험이 보조선을 긋게 해 준다

어떤 것이 논리적이라고 말할 때 그 말에는 이런 뉘앙스가 들어가 있을 겁니다. "단계에 따라 설명하기만 하면 누구나 이해할 수 있다."

반대의 경우는 이렇겠지요. "전개에 비약이 있어서 이해하기 힘들다." 논리와는 거리가 멀다고 말할 때는 이런 뉘앙스일 겁니다.

비약이라. 시에서라면 문학적인 효과를 줄 수도 있겠네요. 하지만 수학과는 영 안 어울리는 단어 아닙니까. 그런데 기하학에서 보조선을 긋는 것도 일종의 비약이라 할 수 있습니다.

보조선을 긋는 데는 어떤 논리적 단계도 없습니다. 논리적 규칙도 없습니다.

하지만 분명 보조선을 척척 그어서 기하학 문제를 술술 푸는 사람들이 있습니다. 도대체 비결이 무엇일까요.

앞서 제가 보조선을 생활의 지혜에 비유했지요. 바로 여기에 해답이 있습니다.

생활의 지혜는 논리적 사고를 통해 얻어지는 것일까요. 아니지요. 반복되는 생활 속에서 자연스럽게 얻어지는 것입니다.

마찬가지로 보조선을 잘 긋기 위해서는 보조선을 많이 그어 버릇하면 됩니다. 보조선을 그어야 풀 수 있는 문제를 자꾸 접하는 것이지요. 처음에는 무조건 외우는 편이 더 나을 수도 있습니다. 왜 이런 보조선을 그어야 하는지 논리적으로 접근하면 오히려 더 어려워집니다.

그러니까 기하학 문제를 잘 푸는 사람과 잘 못 푸는 사람을 가르는 것은 경험인 셈입니다.

그래서 저는 기하학을 공부하는 학생들에게 "생각을 너무 많이 하지 마라" 하고 충고하곤 합니다. 생각을 할 시간에 손을 부지런히 움직여 이곳저곳에 보조선을 그어 보는 편이 훨씬 더 도움이 된다고 말하지요. 그런 저를 보고 어느 연세 많은 분이 "그렇게 말씀하시면 머리 좋은 학생들이 수학에 실망해 버리지 않을까요" 하고 걱정하더군요. 흠, 글쎄요. 오히려 수학의 또 다른 면모를 알고 호기심과 도전 정신이 솟아나지 않을까요. 정말로 머리가 좋은 학생들이라면 그럴 거라고 생각합니다.

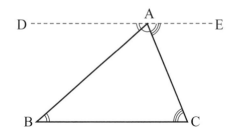

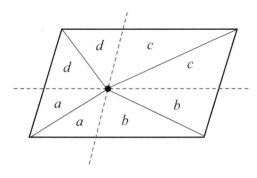

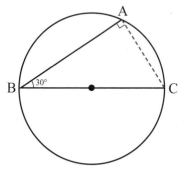

보조선을 그어서 삼각형의 내각의 합이 180도라는 것을 증명하거나
도형의 넓이를 쉽게 구할 수 있다.

연습을 반복할수록 보조선에 대한 감이 잡힐 겁니다. "아, 이건 원이니까 여기에 보조선을 그으면 해결되겠구나" 하는 생각이 바로 떠오르게 됩니다.

수학자들 사이에서도 보조선에 대한 생각은 갈리는가 봅니다. 누군가는 그 의외성 때문에 기하학이 더욱 흥미롭다고 하고, 또 누군가는 그런 비논리적인 방법을 쓰기 때문에 기하학을 수학으로 인정하기 싫다고 하더군요.

저로 말하자면, 전자의 입장입니다. 보조선은 문제가 단박에 풀리는 기쁨을 줍니다. 어떻게 접근해야 하는지 도무지 알 수 없는 난감한 도형에 보조선 하나만 잘 그으면 갑자기 해답이 툭 튀어나옵니다. 그 기쁨을 알수록 기하학 문제가 재미있어진답니다.

❖ 집합, 수학의 근본을 다지다

계속 보조선 이야기를 하다 보니까 수학이 너무 비논리적인 것처럼 느껴지네요. 그런 건 또 아니지요. 수학의 논리적 면모에 다시 주목해 봅시다.

앞에서 본 삼단논법을 떠올려 보세요. 삼단논법의 대전제인 첫 번째 문장을 간단히 하면 'A라면 B'입니다. 그런데 여기서 '~라면'이라는 표현은 수학적 성격이 다소 약해 보입니다.

"무슨 말씀이세요. 수학 문제에는 '~라면'이라는 표현이 자주 나오잖아요"라는 질문이 들리는 것만 같네요.

네, 그렇긴 하지요. 제 말씀은, 수학적 표현이 절대 아니라는 게 아니고 다소 느슨한 수학적 표현이라는 겁니다. 수학에서 'A라면 B'는 좀 더 엄격한 다른 표현으로 바꾸어 쓸 수 있습니다.

여기서 바로 집합이 등장해야 합니다.

집합의 개념을 이용해 'A라면 B'를 다르게 표현하면 어떻게 될까요. 'A의 집합은 B의 집합에 포함된다'가 됩니다.

또는 이렇게 표현할 수도 있습니다. 'A는 B의 부분집합이다. B는 A의 전체집합이다'라고 말이지요.

대전제 다음에 오는 소전제와 결론에도 같은 원리를 적용할 수 있습니다. 수학에서 보면 삼단논법은 일종의 집합인 셈입니다.

어떤가요. 확실히 집합을 이용하니까 좀 더 논리적이고 정확해 보이지 않나요.

그런데 이미 살짝 말씀드렸듯이, 칸토어가 정의한 집합에도 모순이 있었습니다.

예를 들어 보겠습니다. 어느 마을에 단 한 명의 이발사가 있습니다. 이 이발사는 스스로 면도를 하지 않는 마을 사람에게만 면도를 해 준다는 원칙을 가지고 있습니다. 그렇다면 이발사 본인은 과연 직접 면도를 하는 것일까요.

만약 이발사가 직접 면도를 한다면 그건 말이 안 됩니다. 스스로 면도를 하지 않는 사람에게만 면도를 해 주는 원칙에 어긋나기 때문입니다. 반대로 만약 이발사가 직접 면도를 하지 않는다면 그것도 역시 말이 안 됩니다. 이 경우에 이발사는 스스로 면도를 하지 않는 마을 사람에 속하게 되므로, 원칙에 따라 자신에게 면도를 해 주어야 하기 때문입니다.

모순된 상황이지요. 애초에 이발사가 면도를 해 주는 사람에 대한 집합을 느슨하게 정의한 것이 화근입니다. 처음에 칸토어의 집합 개념 자체에 허점이 있었기에 이런 모순이 벌어질 수 있습니다.

분수를 가지고 예를 하나 더 들어 보겠습니다. 모든 분수는 두 정수의 비로 나타낼 수 있습니다. $\frac{1}{2}$이라든가 $\frac{2}{3}$는 분수입니다. 그렇다면 정수 자체도 일종의 분수라 생각할 수 있습니다. 3을 $\frac{3}{1}$이라는 분수라고 보는 것이지요. 따라서 유리수는 분수의 집합이라고 정의할 수 있습니다.

그런데 분수는 조금 특이한 면이 있습니다. 하나의 값이라도 여러 분수로 표현하는 것이 가능하다는 점입니다. $\frac{2}{3}$, $\frac{4}{6}$, $\frac{6}{9}$은 모두 같은 값입니다.

물론 우리가 평소에 계산할 때는 $\frac{2}{3}$를 사용합니다. 그렇다 해도 $\frac{2}{3}$의 뒤에 똑같은 값을 갖는 무한개의 분수가 딸려 있다는 것은 엄연한 사실입니다.

그렇다면 $\frac{2}{3}$와 똑같은 값을 갖는 분수들을 대표하는 것이 곧 $\frac{2}{3}$입니다. 집합의 개념을 적용하자면, $\frac{2}{3}$는 곧 무한개의 요소들로 이루어진 집합입니다.

정수도 예외가 아닙니다. 하나의 정수가 무한개의 분수들로 이루어진 집합이 됩니다.

이건 "그렇군요. 참 재미있네요" 하고 넘어갈 수 있는 단순한 일이 아닙니다. 분명 문제가 되지요.

정수들로 이루어진 집합을 생각해 보세요. 이 집합 안에 또 집합이 있는 것이라 해석할 수 있을까요. 각각의 정수 자체가 무한개의 요소를 가진 집합이라고 한다면 말입니다. 집합의 집합을 그냥 허용해도 되는 걸까요. 골치 아프군요. 이렇게 혼란이 일어날 수 있는 것도 역시 칸토어의 집합 개념에 허점이 있었기 때문입니다.

이러한 문제점이 알려진 후 집합 자체를 논리적으로 완벽하게 만들기 위해 많은 수학자의 노력이 있었습니다. 또한 수학자들은 기존에 적당히 넘어가던 수학 용어나 수학 개념의 집합에 모순이 있지 않은지 그 정의를 철저히 따져 보게 되었습니다. 덕분에 집합이라는 개념은 물론이고 수학 자체가 논리적으로 더 탄탄해졌습니다. 집합이 수학이라는 학문을 근본부터 다시 다지는 계기가 된 것입니다.

√ 어느 수학자들의
치열한 싸움

❖ 귀류법을 거부하다

칸토어 이후 수학자들끼리 서로 논리를 따지고 들다 보니 꽤 심각한 다툼이 일어나기도 했습니다. 그중 하나를 소개해 드리지요.

그러자면 일단 귀류법에 대해 설명해야 합니다. 배리법이라고도 하지요.

귀류법은 수학에서 자주 쓰이는 증명 방법입니다. 어떤 명제가 참인지 증명하기 위해 그 명제의 결론을 일부러 부정합니다. 결론을 부정했을 때 모순이 생기면 그 명제는 참이라는 것이 증명됩니다. 부정을 부정함으로써 긍정을 이끌어 내는 것입니다.

라위천 브라우어

Luitzen Egbertus Jan Brouwer

(1881 ~ 1966)

네덜란드 오베르치에서 태어났다. 수학에서 시작해 철학에도 관심을 가졌다. 수학이 플라톤주의자들의 생각처럼 이데아의 세계에 존재하는 것이 아니라 순수하게 인간 정신의 산물이라고 보았다. 이러한 주장으로 그는 수학에서 직관주의의 시초가 되었다. 또한 배중률의 정당성을 비판하며 기존의 인식대로 수학이 논리학에 의존하는 것이 아니라 논리학이 수학에 의존해야 한다는 입장을 가졌다.

직접적인 증명이 어려울 때 귀류법은 참 유용합니다. 그래서 수학뿐 아니라 다른 분야에서도 자주 쓰입니다.

그런데 귀류법에 의문을 가진 한 사람이 있었습니다. 그는 '너무도 강력한 증명 방법이라서 오히려 이상한걸. 혹시 어딘가에 허점이 숨어 있는 건 아닐까' 하고 생각했습니다. 그 사람은 네덜란드의 수학자 브라우어였습니다.

남들이 모두 당연하다고 여기는 것에 의문을 던질 줄 아는 사람은 눈썰미가 좋은 사람이자 용기 있는 사람입니다. 칭찬받아 마땅합니다. 하지만 때로 세상은 그들을 인정하려 하지 않습니다. 오히려 그들에게 수난을 안겨 줍니다.

브라우어에게도 그런 일이 일어났습니다. 이 비극은 20세기 초 브라우어가 귀류법을 본격적으로 거부하면서 막이 오릅니다.

당시 브라우어는 이미 상당히 인정받는 수학자로, 권위 있는 수학 학술지 「수학연감Mathematische Annalen」의 편집위원을 맡고 있었습니다. 학술지 편집위원은 어떤 논문을 실을 것인가 심사하는 일을 하지요. 귀류법에 의문을 가지고 있었던 브라우어는 귀류법을 이용한 수학 논문들이 「수학연감」에 실리는 것을 거부하기 시작했습니다.

도대체 브라우어는 왜 그토록 귀류법이 못마땅했을까요.

일단 직접 귀류법을 이용해 봅시다. '$\sqrt{2}$는 무리수다'라는 명제를 귀류법을 통해 증명하기 위해서는 먼저 귀류법에 따라 결론을 부정해야 합니다. 그러면 $\sqrt{2}$는 무리수가 아닌 것이 됩니다. 실수는 무리수와 유리수로 이루어져 있으므로 이는 곧 '$\sqrt{2}$는 유리수다'라는 명제입니다. 하지만 이는 모순입니다. 이렇게 결론을 부정했을 때 모순이 되므로 원래의 명제가 참이라는 결론이 나옵니다.

사실 실제 증명 과정은 이보다 약간 더 복잡하지만 여기서는 이 정도 선에서 넘어가겠습니다. 이 정도만 보아도 귀류법의 원리가 충분히 이해될 겁니다.

귀류법에서 반드시 전제가 되는 조건이 하나 있습니다. '모든 것은 이것이거나, 이것이 아니거나 둘 중 하나다'라는 것인데요, 그러니까 참이 아니면 곧 거짓이지 그 중간은 없다는 논리입니다. 이것을 배중률이라고 합니다. 그런데 브라우어는 이러한 배중률 자체에 허점이 있다는 것을 발견했습니다.

어떤 무리수를 상상해 봅시다. 무리수이니까 소수점 이하의 숫자가 불규칙하게 무한히 계속됩니다. 어떤 숫자가 이어질지 예측할 수 없습니다. 똑같은 숫자가 열 번 연속해서 나오는 경우도 있을까요. 직접 계산해 보아야 알 수 있겠지요.

이 무리수를 소수점 이하 수천 번째 자리까지 계산해 보았지만 그런 경우는 찾지 못했습니다. 수만 번째 자리까지 계산해 보아도 역시 찾지 못했습니다. 그렇다면 이 무리수에서 똑같은 숫자가 열 번 연속해서 나오는 경우는 없다고 확신할 수 있을까요.

글쎄요. 수억 번째 자리까지 계산해 보면 혹시 그런 경우가 있을 수도 있겠지요. 수조 번째 자리에서 있을 수도 있고요.

물론 영원히 없을 수도 있습니다. 어떻게 알겠습니까. 누구도 알 도리가 없습니다.

한마디로, 이것이 아니긴 한데 그렇다고 이것이 아닌 것도 아닌 상황이 펼쳐진 겁니다. 전제 조건이 와르르 무너지니 귀류법도 힘을 발휘하지 못하게 될 수밖에요.

브라우어는 '이토록 불완전한 증명 방법이라니' 하고 화가 났나 봅니다. 그러니 귀류법을 이용한 다른 수학자들의 논문도 인정할 수 없었던 것입니다.

❖ 힐베르트의 반격

브라우어로부터 논문을 거부당한 수학자들은 한둘이 아니었습니다. 그들은 이 뜻밖의 사태를 참을 수 없었습니다. 무언가 조치를 취해야 했습니다.

고민하던 수학자들은 독일 괴팅겐으로 향했습니다. 그 당시 세계 최고의 권위를 가지고 있던 수학자가 괴팅겐대학에서 교수로 재직하고 있었거든요. 그는 다비트 힐베르트였습니다.

수학자들의 하소연을 들은 힐베르트는 크게 분노했습니다. 브라우어가 수학의 근간을 흔들고 있다고 여겼지요. 그도 그럴 것이, 귀류법을 부정한다면 그동안 증명해 온 수많은 수학 이론을 포기해야 했으니까요. 힐베르트는 이런 말로 브라우어를 비판했습니다. "수학자에게 귀류법을 쓰지 못하게 하는 것은 권투 선수에게 주먹을 쓰지 못하게 하는 것과 마찬가지다."

하지만 브라우어 역시 힐베르트만큼은 아니지만 권위를 가진 수학자. 아무리 힐베르트라 해도 막무가내로 브라우어를 「수학연감」에서 쫓아내는 것은 무리였습니다.

이때 힐베르트의 제자인 수학자 카라테오도리가 한 가지 꾀를 내었습니다. 그는 「수학연감」을 쇄신한다는 명분을 내걸고 편집위원들에게 한 명도 예외 없이 사표를 쓰게 했습니다. 명분이 뚜렷하니 아무도 거부하지 못했습니다.

그렇게 브라우어는 편집위원의 자리에서 물러났습니다. 「수학연감」에는 귀류법을 이용한 논문이 다시 실리기 시작했습니다.

브라우어의 수난은 여기서 그치지 않았습니다. 이제는 도리어 자신의 논문이 수학 학술지에서 거부를 당하게 된 것입니다. 결국 브라우어는 어느 정도 주변과 타협한 후에야 다시 논문을 학술지에 실을 수 있었습니다.

마치 무슨 정치적 싸움을 보는 것 같나요. 학자답게 연구 성과로 논쟁하는 것이 가장 이상적이겠지만, 현실에서는 이런 일이 종종 일어납니다. 현재도 예외가 아니고요.

그렇다고 힐베르트를 악당쯤으로 여기지는 마세요. 힐베르트는 많은 성과를 남긴 수학자입니다. 그 또한 수학에서 모순을 없애고 완전

다비트 힐베르트
David Hilbert
(1862 ~ 1943)

독일 쾨니히스베르크에서 태어났다. 수학의 다양한 분야에서 업적을 남겨 당대 가장 위대한 수학사 중 한 명으로 손꼽힌다. 기하학과 적분방정식을 연구했으며, 브라우어의 직관주의에 반대하여 형식주의를 제창했다. 상대성이론을 수학적으로도 정리하기도 했다. 1900년 세계수학자대회에서 20세기에 풀어야 할 가장 중요한 수학 문제 23개를 제안했는데 이 중 지금까지 완전히 해결된 것은 12개다.

함을 추구하기 위해 많은 노력을 기울였습니다.

브라우어와 힐베르트의 마찰은 우리에게 수학의 논리에 대해 돌아보게 합니다. 대개 사람들은 귀류법대로 참 아니면 거짓이라고 판단하는 것이 곧 수학의 논리이고, 여기에는 어떤 오류도 없다고 생각합니다. 하지만 알고 보면 그 논리 자체에도 얼마든지 의문을 제기할 수 있다는 것을 브라우어는 보여 주었습니다.

수학 안에서도 이러한데, 다른 분야에서는 어떻겠습니까. 수학의 논리를 적용할 때는 무척 조심해야 합니다.

실제 사회에서 참 아니면 무조건 거짓인 경우는 거의 없습니다. 같은 경영 방식이라도 어떤 경영자가 실행하는가에 따라 기업의 성과가 완전히 달라집니다. 현명한 경영자라면 잘못된 방식을 취했다 하더라도 손해를 최소화하고, 그것으로부터 얻은 교훈을 통해 이익까지 낼 수 있습니다.

요즘 경제 뉴스에서 "재정난입니다" 하는 말이 종종 나오더군요. 아무래도 경제가 어려우면 더 자주 듣게 되는 말이지요.

수학의 논리로 하자면 '재정난이다'와 '재정난이 아니다' 이렇게 두 가지 결론만 나올 뿐입니다. 더 논할 거리도 없습니다.

하지만 사람들이 듣고 싶어 하는 건 그런 이야기가 아니지요. "아직은 괜찮습니다", "이러한 대책이 있습니다" 같은 말들을 듣고 싶어 하는 것입니다.

그래서 저는 수학을 잘한다고 꼭 논리적인 사람이 된다고 믿지 않습니다. 수학의 논리와 세상사의 논리는 조금 다릅니다. 오히려 수학의 논리 자체에도 논란이 있다는 사실을 아는 것이 세상을 사는 데 도움이 될 겁니다. 세상은 이거 아니면 저거로 딱 나뉘지 않는다는 진실을 알려 주니까요.

기하학이
만들어 낸
전혀 새로운 세계

$\sqrt{}$ '수를 세다'라는 것의
의미

✤ 자연수를 대응시켜라

"너희에게는 무한한 가능성이 있다." 학교 선생님들이 학생들에게 자주 하는 말이지요.

"인간은 시간도 재능도 뇌세포도 유한하기 때문에 너희에게 무한한 가능성이란 건 처음부터 존재하지 않는다." 만약 학교 선생님이 이렇게 말한다면 인정머리라고는 눈곱만큼도 없는 악독한 선생님으로 낙인찍힐 겁니다.

굳이 따지고 들자면 진실은 후자에 더 가깝습니다. 그래도 열심히 노력하면 원래 기대했던 것보다 훨씬 나은 사람이 될 수 있습니다. 그렇기에 선생님들은 다소의 과장을 섞어 '무한한 가능성'이라는 말로 학생들을 격려하는 것이겠지요.

하지만 수학에서라면 무한이라는 표현을 그렇게 두루뭉술하게 써서는 안 됩니다.

앞서 잠깐씩 언급하고 넘어갔던 무한에 대해 이제 드디어 말씀드릴 차례입니다. 그러자면 먼저 '수를 세다'라는 개념부터 확실히 해야 합니다.

우리는 일상적으로 수를 세곤 합니다. 수를 센다는 것, 그건 구체적으로 어떤 행동을 의미할까요. 무엇이라 정의할 수 있을까요. 여러분은 "그야 뻔하죠. 한 개, 두 개, 세 개⋯⋯ 이렇게 세는 거잖아요"라고 대답하고 싶겠지요.

하지만 수학적 정의는 더 명확해야 합니다. 더구나 '수를 세다'라는 것을 정의하겠다면서 '세다'라는 말을 또 넣어서는 안 됩니다. 그건 정의하는 것이 아니라 같은 말을 반복하는 것뿐입니다.

그렇다고 부담스러워하지는 마세요. '수를 세다'라는 것의 수학적 정의가 평소 자주 쓰이는 말과 동떨어진 엉뚱한 단어들로 이루어진 것은 아니니까요. 듣고 나면 여러분도 "아, 정말 그렇네" 하고 고개를 끄덕일 겁니다.

여러분 앞에 과자가 일곱 개 있다고 상상해 보세요. 그 과자들을 죽 늘어놓고 수를 세어 보도록 합시다. "겨우 일곱 개면 일부러 세지 않아도 되는데요"라고 하지 말고요.

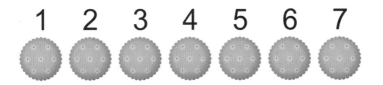

여러분 말마따나 한 개, 두 개, 세 개…… 일곱 개, 이런 식으로 세었 겠지요.

하지만 이것만 가지고는 '수를 세다'라는 것의 본질을 끄집어내기 에 다소 모자란 것 같습니다. 이번에는 양 열 마리가 있다고 상상하고 수를 세어 봅시다.

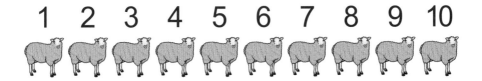

한 마리, 두 마리, 세 마리…… 열 마리군요.

과자를 셀 때는 '개'라는 단위를 쓰고, 양을 셀 때는 '마리'라는 단위 를 썼습니다. 수를 세는 단위를 제외하면 남는 것은 1부터 9까지의 수 입니다. 이것들은 모두 자연수입니다.

0은 자연수가 아닙니다. 어차피 과자가 한 개도 없는데 일부러 0개 라고 말할 필요는 없겠지요.

그러니까 과자를 셀 때는 과자 한 개마다 자연수를 일일이 붙인 셈입니다. 양을 셀 때도 마찬가지고요.

이때 반드시 자연수의 순서대로 대응시켰을 겁니다. 첫 번째 과자는 1, 다음 과자는 2, 그다음 과자는 3…… 마지막 과자는 7이라고 말입니다.

과자가 몇 개 있든, 양이 몇 마리 있든 원리는 같습니다. 아무리 많은 과자가 있어도 자연수를 계속 대응시켜 나가고, 맨 마지막 자연수에 따라 "이와 같은 수만큼 있다"라고 말하면 됩니다.

그러니까 '수를 세다'라는 것은 '자연수를 대응시키다'라고 정의할 수 있습니다. 너무 당연한 말을 길게 설명한 감이 있긴 합니다만, 그만큼 수학에서는 가장 기초적인 개념부터 제대로 음미하는 것이 중요합니다.

√ 무한에 대한
사고 실험

❖ 모순이지만 모순이 아니다?

무한을 셀 수 있을까요. 어떤 것이 무한개가 있으면 어떻게 해서 세면 될까요.

'사고실험'이라는 말이 있습니다. 실제로 실험 장치를 쓰지 않고 머릿속에서 생각으로 진행하는 실험을 뜻하는데요, 주로 물리학에서 쓰이는 말입니다. 어디 한번 우리도 무한을 가지고 사고실험을 해 보도록 합시다.

이미 정의했듯이 수를 세는 것은 자연수를 일대일로 대응시키는 것입니다. 무언가를 세기 위해 자연수를 끝도 없이 계속해서 대응시켜야 한다면 우리는 그것이 '무한개 있다'라고 말할 수 있습니다.

그렇다면 무한개 존재하는 것으로는 무엇이 있을까요.

짝수를 떠올려 봅시다. 2로 나눌 수 있는 수가 곧 짝수이지요. 자연수와 짝수를 나열해 보겠습니다.

$$1 \quad 2 \quad 3 \quad 4 \quad 5 \quad 6 \cdots\cdots$$
$$2 \quad 4 \quad 6 \quad 8 \quad 10 \quad 12 \cdots\cdots$$

짝수와 자연수는 몇 개까지 대응되나요. 끝까지 다 셀 수 있나요.

일단 자연수는 한도 끝도 없이 동원할 수 있습니다. 짝수를 세는 도중에 자연수가 떨어지면 어떡하나 하는 걱정은 하지 않아도 됩니다. 자연수에는 끝이 없으니까요.

이러한 상태가 수학의 언어로 '무한'입니다. 집합으로 말하자면, 자연수의 집합은 그 요소가 몇 개인지 다 헤아릴 수 없습니다.

그렇다면 짝수는 몇 개일까요.

짝수도 2, 4, 6, 8, 10…… 이라고 계속됩니다.

짝수 2에 자연수 1을 대응시키고, 4에 2를 대응시키고, 6에 3을 대응시키고…… 이렇게 짝수와 자연수는 일대일로 계속 대응됩니다. 이때의 규칙은 자연수의 두 배인 짝수와 원래의 자연수를 대응시키는 것입니다.

그러니까 짝수도 무한개이고 자연수도 무한개인 것입니다. 짝수의 개수와 자연수는 개수는 같다는 사실을 알 수 있습니다.

그런데 따져 보면 좀 이상하지 않습니까. 짝수는 자연수의 부분집합입니다. 자연수에서 짝수를 제외하면 무엇이 남나요. 바로 홀수입니다. 홀수는 과연 몇 개일까요. 홀수도 자연수와 일대일로 대응시켜 보겠습니다.

그렇습니다. 홀수도 무한개가 있는 것입니다. 자연수도 무한개, 짝수도 무한개, 홀수도 무한개입니다. 전체의 개수와 부분의 개수가 같다는 결론이 나옵니다.

이상하군요! 모순이네요!

하지만 괜찮습니다. 이상한 것도 아니고 모순도 아닙니다. 원래 무한의 특징이 그런 것뿐입니다. 무한은 전체와 부분이 일대일 대응을 하는 집합이라 정의할 수도 있습니다. 오로지 무한만이 그러한 대응이 가능합니다. 그래서 무한은 더욱 특별하답니다.

❖ 무한이 중요한 까닭

제가 누누이 말씀드렸지요. 수학은 인류의 역사와 함께 발전해 왔고 그만큼 우리 일상생활과 관련이 크다고 말입니다.

누군가는 무한을 애써 알아야 할 필요가 있느냐고 그러더군요. 실제로 다 세는 것도 불가능하고, 더구나 부분의 개수는 전체보다 적다는 일반적 상식과도 어긋나는데 굳이 다루어야 하느냐고요.

그런 의문이 들 수도 있습니다. 아무래도 무한이란 개념 자체가 곧바로 납득하기 힘든 점이 있으니까요. 제가 사고실험을 제안한 것도 그런 이유 때문이고요.

하지만 무한은 중요합니다. 수학의 논리에서 참이라면 그것은 현실과 밀접히 연결되어 있습니다.

이미 우리가 다룬 제곱근이나 미적분이 대표적입니다. 무한이라는 개념이 없으면 성립되지 못합니다.

무한과 수학은 떼려야 뗄 수 없는 관계입니다. 그래서 수학자들은 무한을 엄밀히 정의하기 위해 그토록 노력한 것입니다. 그 노력은 칸토어가 제창한 집합을 통해 비로소 열매를 맺었지요.

지금까지는 수의 세계에서 무한을 설명했습니다. 이어서 기하학의 세계로 눈을 돌려 볼까요.

$\sqrt{}$ 천재 가우스를
괴롭힌 문제

❖ 아무도 증명하지 못한 유클리드의 제5공준

역사에 이름을 남긴 위대한 천재들은 우리 같은 보통 사람들이 미처 생각도 못 한 문제를 풀기 위해 머리를 싸맵니다. 당연히 고생이 뒤따릅니다. 어쩌면 천재적 재능과 거리가 멀어야 편하게 살 수 있는 것인지도 모르겠습니다.

가우스도 천재로 태어나 일생 동안 많은 고민을 하다 간 사람입니다. 물론 그의 고민들 덕분에 현대의 수학이 더욱 발전할 수 있었지요.

가우스는 매우 진중한 성격의 소유자였습니다. 간단한 논문 하나를 발표할 때도 퇴고에 퇴고를 거듭했습니다. 새로운 발견을 해내도 곧

카를 프리드리히 가우스

Carl Friedrich Gauss

(1777 ~ 1855)

독일 브룬스비크에서 태어났다. 대학 시절 정십칠각형 문제에 열중한 것이 계기가 되어 수학으로 진로를 정했다. 1801년 발표한 『정수론연구』로 학계에 이름을 떨쳤다. 정수론, 통계학, 기하학 등 수학의 여러 분야뿐 아니라 『천체운동론』을 발표하는 등 천문학과 광학에도 크게 기여했다. 아르키메데스, 뉴턴과 함께 세계 3대 수학자 중 한 명으로 평가받으며 '수학의 왕자'라는 별명으로도 불린다.

바로 발표하지 않고 증명 방법에 문제가 없는지 여러 번 확인하고 나서야 겨우 발표했습니다.

그런데 가우스는 다른 수학자들의 연구 결과에 대해 평가하거나 언급하는 일이 많지 않았습니다. 한번은 그와 동시대를 살고 있던 또 한 명의 천재적 수학자 코시가 가우스에게 무척 섭섭해하며 화를 냈다고 합니다. 자신의 성과를 가우스가 외면하고 있다면서요.

하지만 가우스가 무관심한 것이 아니라 그럴 만한 사정이 있었습니다. 대부분 그 자신이 이미 알고 있으면서도 발표를 하지 않은 내용이었던 것입니다. 그만큼 가우스는 여러 수학 천재들 사이에서도 특히 더 두드러지는 천재였습니다.

대학 교수이기도 했던 가우스는 학생들을 엄격하게 가르쳤습니다. 하지만 엄격한 만큼 자상한 면모도 가지고 있었습니다. 제자들이 발표를 할 때 항상 맨 앞에서 주의 깊게 경청하곤 했습니다.

강의실에서 학생의 발표 이후에 펼쳐지는 풍경은 대개 이렇습니다. 다른 학생들이 질문을 하고, 질문이 끝난 후 다들 우르르 나가지요. 가우스가 살던 때도 비슷했습니다. 그런데 학생의 발표가 끝나고도 항상 마지막까지 남아 있는 사람이 있었으니 바로 가우스였습니다.

더구나 제자에게 무언가를 지적해야 할 때 가우스는 제자와 단둘만 있는 자리에서 말을 꺼냈습니다. 다른 사람이 들으면 제자가 무안해할까 봐 걱정되었기 때문입니다.

이 외에도 가우스의 신중하고 배려 깊은 마음 씀씀이를 보여 주는 일화들이 많이 전해지고 있습니다. 그런 가우스를 지독히도 괴롭힌 한 문제가 있었으니, 과연 무엇이었을까요. 그것은 약 2000년 전의 유클리드로부터 이어진 문제였습니다. 다름 아닌 '삼각형의 내각의 합은 정말로 180도일까'라는 것이었습니다.

앞서 고대 문명의 수학을 이야기할 때 유클리드의 『기하학 원론』을 잠깐 언급했지요. 유클리드가 "기하학을 알고 싶으면 여기서부터 출발하시오"라며 그 시대까지의 기하학을 집대성해 놓은 책 말입니다.

이 책에는 다섯 가지 공준이 실려 있습니다. 공준이란 기하학에서 지극히 당연한 사실이라 굳이 증명할 필요도 없이 옳다고 받아들여지는 명제를 뜻합니다. 이 중에서 가장 주목받은 것은 마지막의 제5공준이었습니다.

제 5공준

두 직선이 한 직선과 만날 경우, 같은 쪽에 있는 내각의 합이 2직각(180°)보다 작을 때 이 두 직선을 계속 연장하면 2직각보다 작은 내각을 이루는 쪽에서 반드시 만난다.

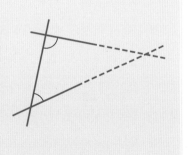

왜 주목받았을까요.

우선 나머지 네 개의 공준을 차례로 나열해 보겠습니다.

유클리드
Euclid

(BC330? ~ BC275?)

이집트의 프톨레마이오스 1세 때 알렉산드리아에서 활동했다. 기하학과 정수론을 다룬 『기하학 원론』은 수학 역사상 가장 영향력 있는 책 중 하나로, 20세기 초까지도 주된 기하학 교과서로 쓰였다. 프톨레마이오스 1세가 "기하학을 배우는 데 지름길이 있는가" 하고 묻자 "기하학에는 왕도가 없습니다"라고 답했다는 일화가 전해진다. 『기하학 원론』 외에도 『현상』, 『광학』, 『도형의 분할에 대하여』 등의 저서를 남겼다.

① 임의의 점과 다른 한 점을 연결하는 직선은 단 하나뿐이다.

② 임의의 선분은 양끝으로 얼마든지 연장할 수 있다.

③ 임의의 점을 중심으로 하고 임의의 길이를 반지름으로 하는 원을 그
  릴 수 있다.

④ 직각은 모두 서로 같다.

이것들은 너무나도 당연해서 증명이 따로 필요해 보이지 않습니다. 그에 비해 제5공준은 마치 다른 공준들을 바탕으로 이끌어 낸 정리처럼 보이네요. 수학자들은 제5공준의 정당성에 의구심을 품게 됩니다. '과연 제5공준도 공준이 될 수 있는가' 하고 생각한 거죠.

다소 복잡한 제5공준을 더 보기 좋게 변형을 해 보면, '평행선은 만나지 않으며, 직선 밖의 임의의 한 점에서 한 직선에 대해 하나의 평행선이 그려진다'라고 할 수 있습니다.

평행선이 왜 하나밖에 없을까요? 만일 굽은 면이라면 평행선은 여러 개를 그릴 수 있지 않을까요?

만일 제5공준이 성립하지 않는 상황이 생긴다면 이것은 보통 일이 아닙니다. 지금껏 2000년 이상을 이 진리를 바탕으로 하여 수학이 발전해 왔으니까요.

A이면 B이고 또한 B이면 A일 때 A와 B는 '동치'라고 합니다. 다시 말해, 이 둘은 표현은 달라도 논리적으로 같은 내용이라는 뜻입니다. 제5공준과 동치인 명제 두 가지를 볼까요.

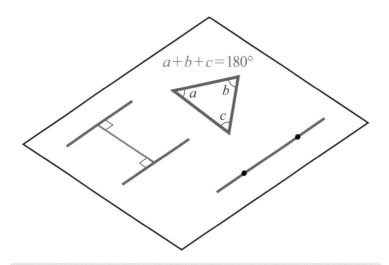

$$a+b+c=180°$$

유클리드 기하학 가우스가 활동한 19세기까지 유클리드 기하학은 곧 기하학 그 자체였다. 유클리드 기하학에서 삼각형의 내각의 합은 180도이고, 어떤 직선에 대한 평행선은 단 한 개 존재한다. 또한 두 점을 지나는 직선은 단 한 개이고 그 길이는 무한히 이어질 수 있다.

- 어떤 직선 외의 한 점을 통과해서 이 직선에 평행한 직선은 단 하나밖에 없다.
- 삼각형의 내각의 합은 180도다.

만일 제5공준이 성립하지 않는다면 동치인 다른 명제 역시 성립하지 못하게 됩니다. 그래서 제5공준이 성립함에 의구심을 품었던 가우스는 삼각형의 내각의 합이 정말로 180도일까 고민하게 된 것이지요. 수학자들은 더더욱 제5공준에 매달렸고, 상황은 예상하지 못한 방향으로 전개되었습니다.

$\sqrt{\ }$ 삼각형의 내각의 합은 180도가 아니다?

❖ 비유클리드 기하학의 탄생

제5공준을 증명하려 한 사람들 중에 이탈리아의 수학자 사케리와 프랑스의 수학자 르장드르도 있었습니다. 보통 사람들에게는 조금 낯선 이름들이지만 기하학의 발전에 큰 기여를 남긴 수학자들입니다. 하지만 그들 역시 이번만큼은 확실한 답을 내놓지 못했습니다.

이쯤 되면 '아예 증명이 불가능한 것 아닌가' 하는 좌절감이 퍼질 수밖에요. 다들 난감해했습니다.

"아무래도 제5공준이 이상해."

수학자들은 이렇게 수군댔습니다. 하지만 '제5공준이 이상하다'라는 생각을 공개적으로 내세우는 데는 큰 용기가 필요했습니다. 유클리드 기하학이 어마어마한 권위를 가지고 있었기 때문입니다.

물론 그 당시 종교재판이나 화형은 거의 사라졌습니다. 하지만 권위에 거스른 사람을 학계에서 외면하거나 심하면 매장해 버리는 일은 여전히 일어나고 있었습니다.

그러다 일대 사건이 일어났습니다. 러시아에서 한 수학자가, 그리고 헝가리에서 또 한 수학자가 "삼각형의 내각의 합은 180도가 아니다"라고 외친 것입니다. 그들은 로바쳅스키와 보여이였습니다.

만약 제5공준을 부정했을 때 모순이 생긴다면 제5공준은 참이라고 할 수 있겠지요. 하지만 로바쳅스키와 보여이는 제5공준을 부정하면 모순이 생기기는커녕 오히려 새로운 공준을 이끌어 낼 수 있다는 것을 알아냈습니다.

한 직선 l 밖에 있는 한 점 P에서 l에 수선 PH를 내리고, PH와 같은 예각을 이루는 두 직선 PA와 PB를 긋는다. 이때 ∠APB의 내부를 지나는 직선은 l과 만나고, 그렇지 않은 직선은 l과 만나지 않는다.

제5공준처럼 이 공준도 동치를 찾아야 더 이해가 쉬울 것 같군요.

니콜라이
로바쳅스키
Nikolai Lobachevsky

(1792 ~ 1856)

러시아 니츠니 노브고로트에서 태어났다.
1826년 새로운 기하학의 가능성을 발표하
고 1840년 베를린에서 『평행선의 기하학
적 연구』를 간행했다.

야노시 보여이
János Bolyai

(1802 ~ 1860)

헝가리 코르즈바르에서 태어났다. 1820년
부터 1823년 사이, 로바쳅스키와는 독립적
으로 비유클리드 기하학을 창안해 논문을
집필했다. 이는 1832년 기하학자인 아버지
가 쓴 수학 교과서의 부록으로 출판되었다.

한마디로, 직선 밖의 한 점을 지나면서 이 직선과 평행한 직선이 무한 개 존재한다는 것입니다. 그리고 이때 삼각형의 내각의 합은 180도보다 작아집니다.

이게 대체 말이 되는 소리인가요. 우리의 상식에 어긋납니다. 아무리 의욕이 앞서도 그렇지 이런 억지를 쓰다니요.

하지만 억지가 아닙니다. 오히려 우리가 고정 관념에 사로잡혀 있었던 것이지요. 그동안 유클리드 기하학이 가정하는 평평한 공간만 당연하다고 여겼던 것입니다. 평평하지 않고 안쪽으로 휘어진 공간에 서라면 이 새로운 공준이 딱 들어맞습니다.

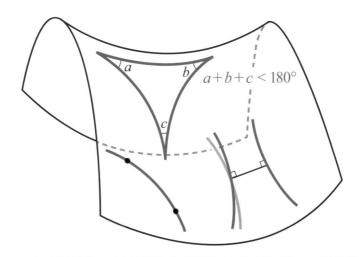

$$a+b+c < 180°$$

쌍곡 기하학 안쪽으로 휘어진 공간을 전제로 하는 기하학을 쌍곡 기하학이라 한다. 쌍곡 기하학에서 삼각형의 내각의 합은 180도보다 작고, 어떤 직선에 대한 평행선은 무한개가 있다. 또한 두 점을 지나는 직선이 단 하나뿐이고 무한하다는 점은 같지만 애초에 면이 휘어져 있기 때문에 직선 역시 곡선이 된다.

유클리드 기하학의 굳건한 권위가 세차게 흔들리기 시작했습니다. 그리고 비유클리드 기하학이 탄생했습니다.

그렇다면 제5공준 때문에 골머리를 앓던 가우스는 이 사실에 어떻게 반응했을까요. 그런데 진작부터 그는 새로운 기하학이 가능하다는 것을 알고 있었습니다. 다만 공식적으로 발표를 하지 않고 있었을 뿐입니다. 가우스가 얼마나 신중한 사람이었는지 실감이 되지요.

비유클리드 기하학을 둘러싸고 처음에는 반발도 있었습니다. 하지만 일단 새로운 세계가 열리자 과거로 되돌아갈 수는 없었습니다. 유클리드 기하학과 비유클리드 기하학이 공존할 수 있음을 다른 수학자들이 잇따라 증명해 냈습니다.

"유클리드 기하학에 모순이 없으면 로바쳅스키와 보여이의 기하학에도 모순이 없다."

이 말은 결국 유클리드 기하학과 비유클리드 기하학은 둘 다 참이고 어느 한쪽도 거짓이 아니라는 뜻입니다. 단지 각각 전제하고 있는 세계 자체가 다를 뿐입니다. 여전히 고정 관념을 버리지 못하고 고개를 갸우뚱하는 분들을 위해 다시 한 번 강조하겠습니다. 비유클리드 기하학은 참이고 '참'은 모순이 없다는 것입니다.

$\sqrt{}$ 수학의 상식을
의심하라

❖ 또 다른 비유클리드 기하학

비유클리드 기하학은 이것으로 완성된 것이 아니었습니다. 또 다른 비유클리드 기하학이 탄생을 준비하고 있었지요. 이번에는 삼각형의 내각의 합이 180도보다 큰 기하학이었습니다. 이 기하학이 발표된 것은 독일의 수학자 베른하르트 리만의 괴팅겐대학 교수 취임 강의에서 였는데, 리만은 다름 아닌 가우스의 제자였습니다.

괴팅겐대학의 교수였던 가우스는 그냥 일반 교수가 아니라 학장의 위치였습니다. 제자의 첫 강의를 보기 위해 가우스도 그 자리에 함께 있었습니다.

베른하르트 리만

Georg Friedrich Bernhard Riemann

(1826 ~ 1866)

독일 브레제렌츠에서 태어났다. 괴팅겐대학과 베를린대학에서 공부하고 1851년 괴팅겐대학에서 박사 학위를 받았다. 1854년 모교에서 기하학의 기초를 논하면서 리만 기하학을 제시했다. 물리학자 빌헬름 베버의 영향을 받아 이론물리학에도 관심을 가졌다. 오늘날 그의 이름은 리만 기하학 외에도 리만 곡면, 리만 적분, 코시–리만 방정식, 리만 다양체, 리만 가설 등 다양한 수학 용어에 남아 있다.

괴팅겐대학 수학연구소 괴팅겐대학은 가우스, 리만, 힐베르트 등 당대의 뛰어난 수학자들이 공부하거나 가르친 곳으로 유명하다.

리만의 강의 제목은 '기하학의 기초를 형성하는 가설에 대하여'였습니다. 그런데 강의가 끝나자 가우스는 맨 처음 강의실에서 나왔습니다. 언제나 마지막까지 남아 있기로 유명하던 바로 그 가우스가 말이지요.

그때 가우스는 이렇게 말했다고 합니다. "내 시대는 끝났다." 이번만은 자신이 먼저 발견하는 데 실패했음을 인정한 것입니다. 다른 수학자들의 연구를 좀처럼 언급하지도, 칭찬하지도 않던 가우스는 리만의 강연을 격찬했습니다. 1854년 또 다른 유클리드 기하학이 그렇게 탄생했습니다.

리만의 새로운 기하학은 그의 이름을 따서 리만 기하학이라고 합니다. 리만 역시 제5공준을 대신하는 다른 공준을 만들었습니다.

1. 두 점을 연결하는 직선이 하나뿐이라고 한정할 수 없다.

2. 평행선은 존재하지 않는다.

이번에도 역시 금방 이해가 되지 않지요. 유클리드가 평평한 공간을, 로바쳅스키와 보여이가 안쪽으로 휘어진 공간을 전제했다면, 여기서 전제되어 있는 것은 볼록하게 튀어나온 공간입니다. 가장 대표적인 예가 구입니다.

이러한 공간들에서 무한이 어떻게 달라지는지 볼까요. 평평한 면에서는 평행선이 한 개만 존재하지만 안쪽으로 휘어진 면에서는 무한하게 존재할 수 있습니다. 또 평평한 면에서도, 안쪽으로 휘어진 면에서도 두 점을 지나는 직선은 무한히 길어질 수 있지만, 유독 구의 표면에서는 이것이 불가능합니다. 어떤가요. 기하학의 종류에 따라 무한이 가능한 대상도 달라집니다.

리만은 다양하게 구부러진 공간에 대한 이론을 정립했습니다. 덕분에 기하학에서 어떤 형태의 공간이든 다룰 수 있게 되었습니다.

훗날 아인슈타인은 상대성이론을 만들 때 비유클리드 기하학을 기초로 했습니다. 만약 여전히 유클리드 기하학만 진리였다면 아인슈타인은 평평하지 않고 중력에 의해 휘어져 있는 우주를 표현하기 힘들었을 테지요.

오늘날에는 더욱 다양한 비유클리드 기하학이 나와 있습니다. 하지만 우리가 실제로 경험하는 세계에서는 지금까지 본 세 가지 기하학으로 충분합니다. 우리는 그 세 가지 기하학이 사이좋게 공존하는 공간 속에서 살아가고 있습니다.

유클리드 기하학은 비록 혼자만의 권위는 잃었지만 여전히 유용합니다. 집을 지을 때 비유클리드 기하학까지 동원할 필요는 없습니다. 유클리드 기하학만으로 설계하고 건축해도 아무런 문제가 일어나지

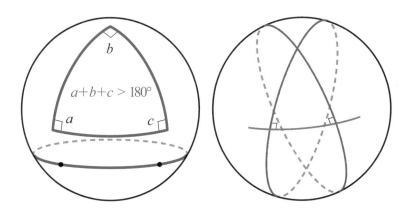

$$a+b+c > 180°$$

구면 기하학 구의 표면을 전제로 하는 기하학을 구면 기하학이라 한다. 구면 기하학에서 삼각형의 내각의 합은 180도보다 크다. 세 각이 모두 90도가 되는 것도 가능하다. 어떤 직선에 대한 평행선은 한 개도 존재하지 않는다. 두 직선이 반드시 만나기 때문이다. 두 점을 지나는 직선은 최소 두 개가 존재하고 그 길이는 유한하다. 특히 두 점이 구의 중심에 대해 대칭일 때 이 두 점을 지나는 직선은 무한개로 많다. 예를 들어, 남극점과 북극점을 지나는 직선은 무한개다. 쌍곡 기하학과 마찬가지로 면이 휘어져 있기 때문에 직선 역시 곡선이 된다.

알베르트 아인슈타인 비유클리드 기하학으로부터 탄생한 아인슈타인의
상대성 이론은 우주에 대한 기존의 시각을 송두리째 바꾸어 놓았다.

않습니다.

비유클리드 기하학의 탄생은 수학의 당연한 상식이란 것을 의심하게 만들어 주었습니다. 여러분도 '지금까지 내가 배운 게 당연히 참이잖아' 하고 자신하지 말고 항상 의심하고 도전해 보세요. 실패를 두려워하지 말고요.

수학 천재 가우스도 실패를 경험했습니다. 그러니 우리가 실패를 한들 뭐 어떤가요.

와세다를 사로잡은 최고 인기 수학 강의

이토록 수학이 재미있어지는 순간

초판 1쇄 발행 2015년 6월 1일
초판 11쇄 발행 2024년 7월 30일

지은이 야나기야 아키라
옮긴이 신은주
펴낸이 김선식

부사장 김은영
콘텐츠사업본부장 임보윤
콘텐츠사업10팀장 김정택   **콘텐츠사업10팀** 이슬, 이나영, 김유리
마케팅본부장 권장규   **마케팅2팀** 이고은, 배한진, 양지환   **채널2팀** 권오권
미디어홍보본부장 정명찬   **브랜드관리팀** 안지혜, 오수미, 김은지, 이소영
뉴미디어팀 김민정, 이지은, 홍수경, 서가을
크리에이티브팀 임유나, 변승주, 김화정, 장세진, 박장미, 박주현
지식교양팀 이수인, 염아라, 석찬미, 김혜원, 백지은
편집관리팀 조세현, 김호주, 백설희   **저작권팀** 한승빈, 이슬, 윤제희
재무관리팀 하미선, 윤이경, 김재경, 임혜정, 이슬기
인사총무팀 강미숙, 지석배, 김혜진, 황종원
제작관리팀 이소현, 김소영, 김진경, 최완규, 이지우, 박예찬
물류관리팀 김형기, 김선민, 주정훈, 김선진, 한유현, 전태연, 양문현, 이민운

펴낸곳 다산북스   **출판등록** 2005년 12월 23일 제313-2005-00277호
주소 경기도 파주시 회동길 490
전화 02-704-1724   **팩스** 02-703-2219   **이메일** dasanbooks@dasanbooks.com
홈페이지 www.dasan.group   **블로그** blog.naver.com/dasan_books
종이 한솔피엔에스   **인쇄** 상지사   **후가공** 제이오엘앤피   **제본** 상지사

ISBN 979-11-306-0519-7(03410)

다산북스(DASANBOOKS)는 독자 여러분의 책에 관한 아이디어와 원고 투고를 기쁜 마음으로 기다리고 있습니다.
책 출간을 원하는 아이디어가 있으신 분은 다산북스 홈페이지 '투고원고'란으로 간단한 개요와 취지, 연락처 등을 보내주세요.
머뭇거리지 말고 문을 두드리세요.